Cosplay
超完美製衣術
COS服的基礎手作

Contents

 Basic **製作服裝基本功**

上下一套的服裝最好不要一起製作，分開縫製更有效率。

一下子要換線，一下要找縫製的部位，反而更加花時間。

如果是連身裙就先作完連身裙、製作裙子就先完成裙子，這樣會更有效率喔！

兔子

鴨鴨

製作方法

Basic 製作服裝基本功

製作COSPLAY服裝之前，有各式各樣的必備用具。請先確認備齊所需工具。

Step 1 準備工具

※ 一定要準備的工具

一般家庭使用的裁縫工具就可以了。如果要購買新的工具，請確認各部位所需的器具，以下均有附上使用方法。

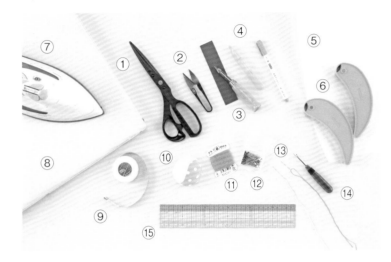

①布剪	⑨捲尺
②紗剪	⑩針插
③打具	⑪手縫線
④記號筆	⑫珠針
⑤紙型用紙	⑬手縫針
⑥紙鎮	⑭拆線器
⑦熨斗	⑮尺
⑧熨燙台	

【裁剪】

布剪

裁剪布料專用剪刀。有鋼製或不鏽鋼製，可先試剪看看哪一種適合自己。記住千萬不可以用來剪紙，刀刃會變得不銳利。

紗剪

剪紗線的小剪刀。可剪掉車縫完的線頭或布料上的紗線，讓縫製過程更加順利。推薦購買有品牌的紗剪。

【測量】

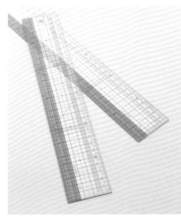

尺

準備長50cm以上的尺，和可以放入筆盒裡長度的便利短尺，以便整理紙型的縫份或標示量上記號。選擇直角方格尺對於斜布條或縫份製作也很方便。如果可以也請準備30cm長度的直尺。

捲尺

可準確的測量身體尺寸。因為需要沿著身體曲線測量，金屬製的硬尺就不適合。但如果捲尺上有褶痕，測量時尺寸會有失誤，請多加留意。

【車縫】

針插

可將珠針或縫針集中插上，又稱為針山。可以避免針散落在桌子上、或地上造成危險。也有附磁鐵的種類。

珠針

推薦選用細一點的珠針。因為使用粗的珠針容易造成布料的損傷或綻線。在製作時可準備多一點的珠針，會比較便利。

手縫針

手縫用針。雖然依品牌會稍有差異，但通常分為普通布料用針或厚料用針，請參考並搭配用途選購。

手縫線

手縫線和車縫線的編織方法剛好相反。使用車縫線手縫容易造成糾結。手縫釦子或暗釦時使用手縫專用線，才會牢固不易脫落。

拆線器

車縫錯誤時，使用 U 形處拆線即可。注意使用拆線器或剪刀拆線時不要太過用力，以免傷到布料。

【描繪】

紙鎮

避免紙型或布料移動，使用在描繪紙型或裁剪布料時。也可以石頭等物代替。選擇不會過厚且可以壓住紙張重量的為佳。

紙型用紙（模造紙・描圖紙）

可至美術社購買專用的紙型用紙或描圖紙，描繪紙型時較為方便。日本百圓商店販賣的薄模造紙、書面紙也OK。請勿選擇附有輔助線的紙張，不然在描繪版型時會造成線條重疊，反而更不易辨識繪製。

手縫線・模造紙・書面紙之外皆為…CLOVER

【標示記號】

記號筆

將紙型的記號描繪至布料的工具。以下的工具各有優缺點，請選擇一種適合自己布料的，搭配新素材時如果不好用，就再購買別種試試看即可。使用之前要先在布邊試試顏色及如何消除顏色後，再使用會比較安心。

●麥克筆類

消失筆

就像使用麥克筆一般。有分成適合輕薄布料和厚重布料兩種，深色系也適合常常使用合成皮革的人。水性消失筆只要噴噴水或洗一下，記號線就會消失。另外還有自然消失的種類，但遇到天氣濕氣重的時候容易提早消失，如果製作時間較長，使用自然消失筆就要特別注意。但因為不需使用水即可消失，使用起來非常方便。

●粉筆類

粉土筆

價錢公道，且可使用鉛筆一般削的尖尖的筆尖來描繪。纖細的鉛筆蕊很容易折斷，請多加留意。水溶性種類的筆，只要洗一洗記號就會消失。

三角粉片

不但可以畫出細線，還有多種顏色，請選擇最便利的顏色。雖然畫起來很清楚，但記號不易消失，請多留意。

粉式記號筆

可以畫出細線，也不會有筆蕊斷裂問題，用完後粉末可再自行添加。但如果輕敲粉末線條容易糊掉，需多加注意。

打具

可以作記號、雞眼、鉚釘等，可在布或紙上開洞的工具。不需施力，非常適合女性使用。記住底下一定要鋪上橡膠墊再使用。

【整燙】

熨斗
熨燙台

貼合黏著襯、摺疊縫份、整燙布料時使用。仔細整燙服裝，更能顯現出完成品的價值。使用蒸氣整燙時注意不要使用自來水，自來水內摻有石灰雜質，若是淺色布料會容易弄髒，請購買市售的蒸餾水。

有了這些工具會更加便利喔！

※ 更加便利的工具

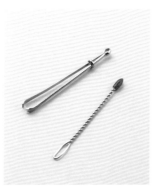

穿帶器

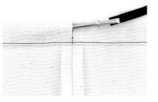

穿鬆緊帶或細繩時使用，也可以別針代替。

錐子

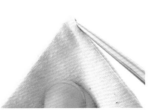

將布料翻回正面，或整理邊角時使用。

打具…KAWAGUCHI、熨斗・熨燙台之外皆為…CLOVER

✻縫紉機✻

第一次製作手作服購買的縫紉機

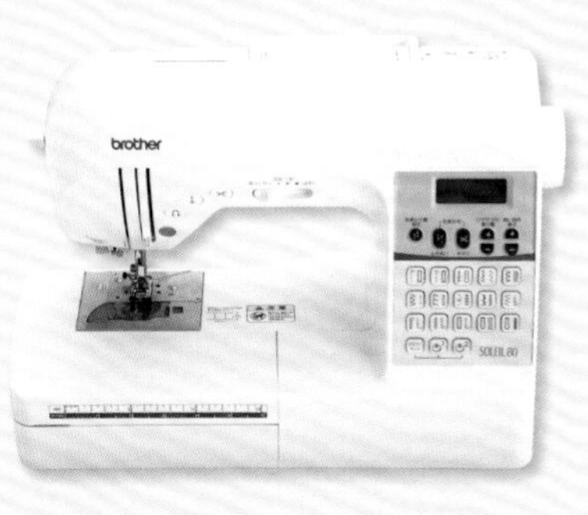

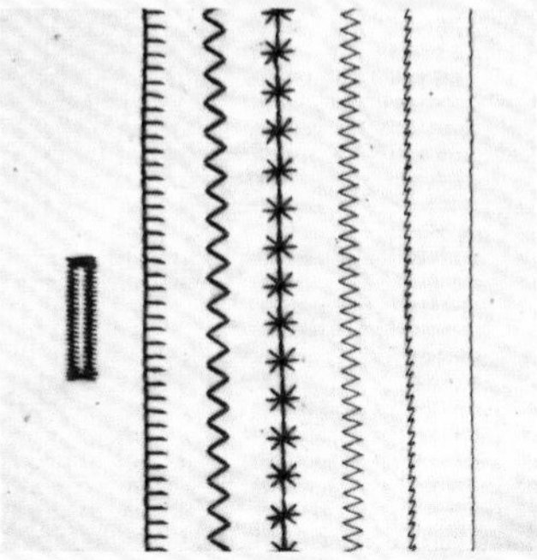

這本書所使用的機器Soleil80／brother

雖然也可以手縫製作衣服，但如果講求快速就一定要購買縫紉機。到專門店購買機器時，因為**種類非常眾多**，一定要仔細研究用途再行購買。

縫紉機大致分為**家用縫紉機**、**專業用縫紉機**、**工業用縫紉機**三種。如果是第一次使用，選擇家用縫紉機就可以了。**家用縫紉機**可以處理直線車縫、布邊Z字形車縫防止綻開、車縫釦眼或裝飾線等，只要有這一台就夠了。家用縫紉機車出來的Z字形車縫，可直接洗滌也不用擔心。**車縫線可自動調節**的功能，對於初學者最為便利。

選擇縫紉機的3個重點

1 調節壓布腳壓力的送目轉軸（壓布腳）

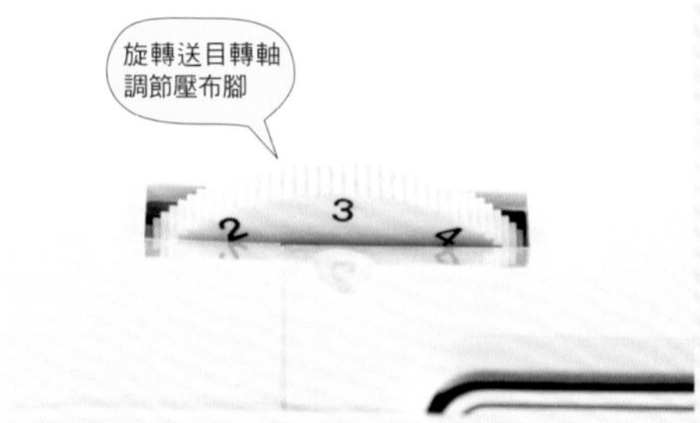

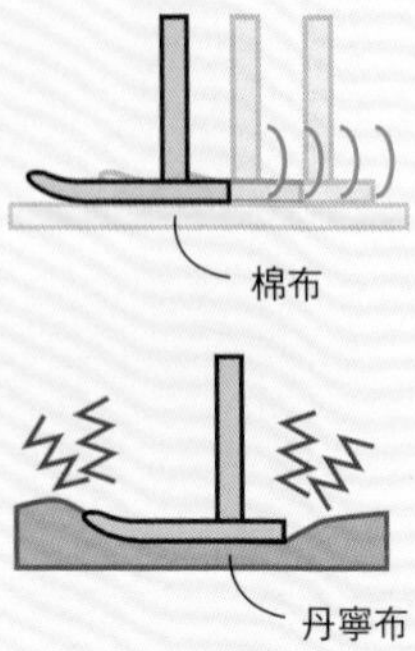

如果送目調節至適合普通布料，車縫較厚的丹寧布時，會因為壓力太強無法車縫布料。也有可能會咬布，造成布料損傷。

可以配合布料厚度來調整送目轉軸的壓力，請一定要在縫製前進行調整。

2 縫製範圍

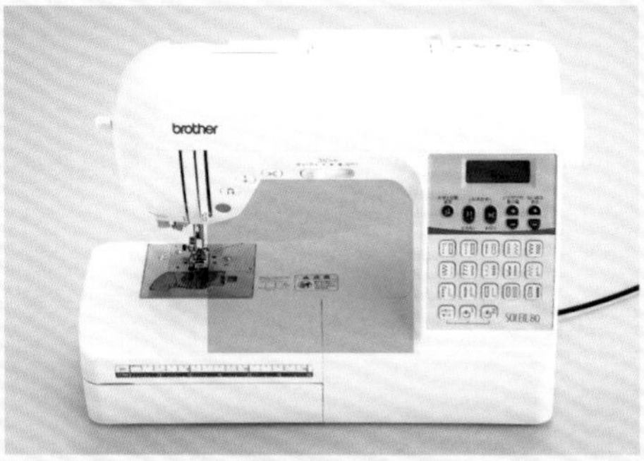

縫針附近的コ字部分（圖片中粉紅色的區域）如果太狹窄，車縫連身裙或較厚的素材時會比較不方便。如果太過狹窄可以轉到另一側、若是車縫後中心、布料中心時，必須將布料托起慢慢車縫。所以這部分寬一點會比較好車縫。

購買時請選擇**寬度約40cm的縫紉機**才方便車縫。縫紉機越大就越方便製作。

3 可以使用腳踏板

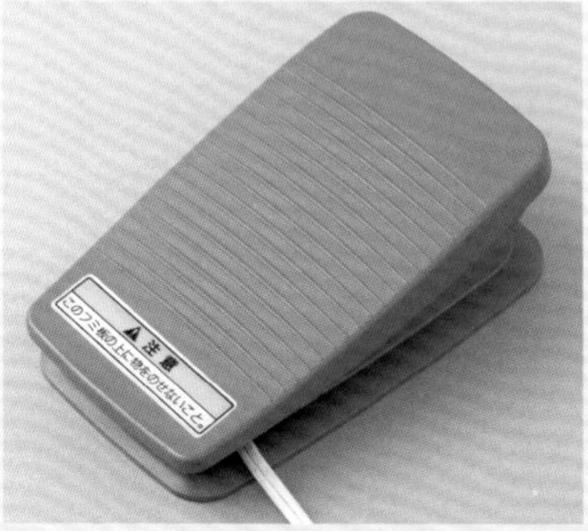

稍微車縫時，可能只需要手控裝置就OK，但如果要仔細縫製，還是選擇可以讓**兩隻手都空出來製作**的腳踏板裝置比較好。

例如縫製鬆緊帶設計的衣服時，必須兩手一邊拉伸鬆緊帶來進行車縫。這時候如果使用腳踏板裝置，就可以輕鬆縫製了。

「第一次手作，所以選擇便宜的機種……」這種想法是失敗的最主要原因喔！
特別是COSPLAY服裝，常常使用合成皮或針織布等高難度素材，記住一定要檢查以上三點來分辨縫紉機的好壞。

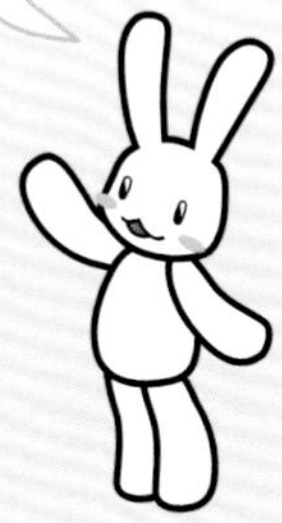

Step 2 準備紙型

※ 確認設計款式

雖然想要縫製手作服，卻不知道從何開始著手。

我想要自己作手作服看看！

先試著畫出想要的款式吧！

製作服裝前先畫出服裝畫，可以防止忘記口袋等細節喔！

為了方便確認，圖案也一起畫上去比較妥當！

【服裝畫模板】

請影印之後使用。

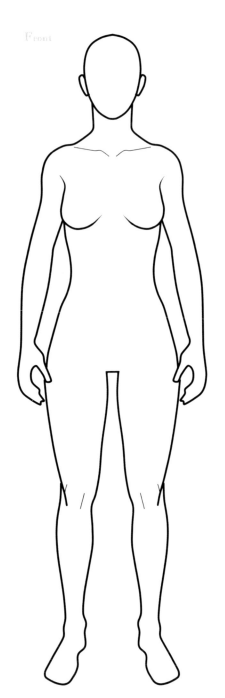

Front

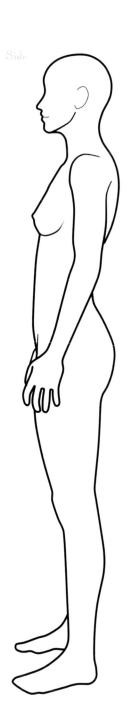

Side

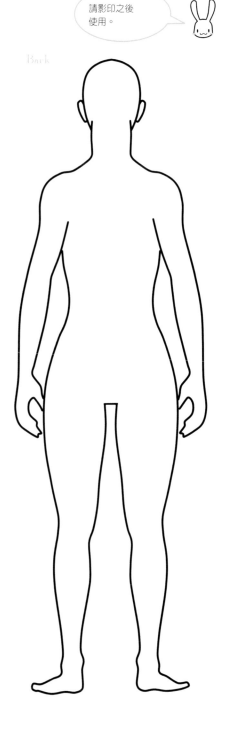

Back

❋ 從服裝畫設計選擇適當的紙型

服裝畫
完成了喔！

想要製作的款式

從COSPLAY書・手作書
或網路上尋找相似的款式紙型

和這款
很相似！

附領子和
下襬荷葉的
連身裙款式。

第一次製作手作服的讀
者，可以先選擇類似的
款式，再依紙型稍作變
化就沒問題囉！

選擇哪一種作法？

紙型製作分為以下幾種。

原寸紙型	直接製圖	從原型開始的製圖	無紙型直接裁剪布料

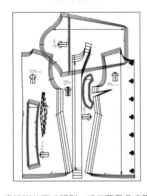

前片

○○式原型

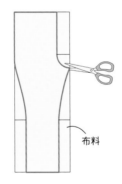

布料

書籍附的原寸紙型、手工藝用品店販
售的紙型、網路上下載的紙型等，裁
剪後就可以直接使用，非常推薦給初
學者使用。

這是書裡製作頁面的尺寸紙型設計
圖。照著尺寸圖依順序描繪各部位線
條。

文化式原型、登麗美式原型等服裝製
圖所需的上半身原型，以這原型為基
礎畫出各種設計的款式。此方法需要
一些專業的知識，所以請習慣服裝製
作後再挑戰較為合適。

直接在布料畫上裁布圖，也叫作直接
裁剪。通常使用在直線設計眾多的浴
衣、袴褲、細褶裙等款式。

本書的作品（附紙型）

本書的作品（直接製圖）

COSPLAY
2

本書的作品（直接裁剪）

※ 關於紙型

原寸紙型上的記號，各自有不同的意義喔！

【 紙型上直線和記號的意義 】

	完成線		布紋		合印記號

就是實際完成時的輪廓線，完成線外側需加上縫份。

和布料邊端平行的線，參考此線放置紙型裁剪布料。

需對齊車縫的部位，畫上合印記號。

本書刊載尺寸（適合此尺寸的人）

	S	M	L	LL
胸圍	72-80cm	79-87cm	86-94cm	93-101cm
腰圍	57-63cm	63-69cm	68-76cm	76-84cm
臀圍	82-90cm	87-95cm	92-100cm	97-105cm
身長	158cm	158cm	158cm	158cm

※USAKOの洋裁工房紙型的尺寸不一樣。

褶襉	褶線	摺雙	細褶

製作褶襉，由斜線高處摺疊至低處。

摺疊布料的線。

這個記號代表兩側對稱。

布料細褶的範圍。

釦子	釦眼	尖褶	縮縫

縫製釦子的位置。

製作釦眼的位置。

斜線對齊車縫平面布料使其立體。

縮縫是為了將袖山變得更加立體，參考P.38作法。

【 製作紙型 】

描繪原寸紙型來製作紙型

1 面對想要描繪的紙型，在其邊角輕輕加上小記號，就可以輕鬆描繪。使用消失筆會更方便。

2 在紙型上疊上描圖紙（或模造紙），固定至腰圍處。使用紙膠帶固定也OK。必須再加上縫份，周圍請多留些空白。

3 直線必須使用直尺描繪。

如果是在圖書館借來的書，請小心描繪不要弄髒。

4 遇到弧線時，可慢慢移動直尺畫出弧線。或使用弧線尺，就會更便利了。

5 布紋線、合印記號、部位名稱等都必須寫上。

加上縫份的方法有兩種喔！第二種加上直角的方法比較簡單。

【紙型加上縫份】

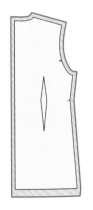

市售的紙型分成有縫份的紙型和無縫份的紙型。通常在製作頁面或紙型會標有注意事項，請務必確認。如果使用無縫份的紙型時，可先加上縫份再裁剪布料。

如果不小心忘記加上縫份，可能會造成尺寸太小而無法穿上的窘境。

【加上縫份的方法】

1 對稱線

縫份和完成線呈現對稱狀態描繪。

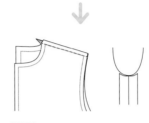

●優點
縫份左右摺疊時，縫份弧度會完全對合。
●缺點
角度不同時長度也會不一樣，車縫時不易對齊布邊。

2 直角

沿完成線呈直角在縫份處畫上輔助線後，縫份和輔助線呈平行描繪。

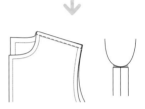

●優點
縫份長度對齊時一致，非常方便車縫。
●缺點
縫份左右摺疊時，會造成縫份間的空隙。

【描繪好的紙型加上縫份】

1 原寸紙型沒有加上縫份，請參考製作頁面的「布料裁剪方法」加上縫份。沿著完成線平行描繪。使用直角方格尺更可以準確畫出直線來。

2 仔細測量曲線，慢慢連接起來。

3 加上縫份了，確認尺寸的正確性。

4 以剪刀或美工刀裁剪。

袖口或褲子下襬等處 加上縫份的方法

1 縫份完成之後，邊角的縫份請預留多一點後裁剪。

描圖紙
袖子
縫份
完成線
縫份

2 袖口摺疊至完成線，沿著袖子縫份剪掉多餘部分。

袖子
縫份
完成線

3 完美的縫份就完成了！

袖子
縫份
完成線
縫份

※ 初學者要注意的摺雙標誌！

什麼是摺雙？

摺雙是將布料摺疊後的褶線部分。一般為了節省紙張，只會刊載右身片、或左身片。紙型上畫著摺雙記號的線即為布料對摺線，簡單就可以描繪出左右對稱的部分。

習慣車縫的人看到摺雙，就會將布料對摺呈左右對稱後裁剪，這樣可以縮短時間。
但是初學者遇到摺雙標誌卻常常失誤。

失敗範例

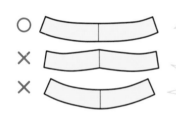

完美的左右對稱

中心稍稍沒有對齊就會造成這種狀況……

後片不小心變成兩片了

居然沒有畫上縫份……

因為沒有縫份，硬要車縫時會造成尺寸不合、領子等尺寸無法對合。

初學者最好準備左右對稱的紙型

①參考P.10、P.11製作含縫份的紙型。
②將紙重疊至①，描繪邊緣和紙型。
③對齊摺雙標誌貼合。

初學者為了避免犯錯，還是製作左右對稱的紙型比較安心。

貼合的紙張只需要使用報紙、或一般的紙張就OK了。

❖ 服裝各部分的專有名稱 ❖

縫製時常常會出現的服裝專有名詞。盡量記起來，在閱讀車縫說明時會更加輕鬆方便。

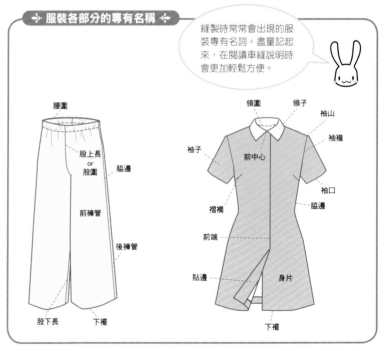

腰圍

股上長 or 股圍

脇邊

前褲管

後褲管

股下長　下襬

領圍　領子　袖山

袖子　前中心　袖襱

褶襉　　　袖口

前端　　　脇邊

貼邊　　　身片

下襬

Step 3 準備布料

❋ 準備購買布料＆材料

【確認材料】

鬆緊帶
黏著襯
流蘇
織帶
釦子

製作服裝，除了布料之外還有其他必須準備的工具。
鬆緊帶或黏著襯等，購買布料時請記得一起購買。為了避免漏掉東西，請先寫下購買清單，並將設計稿也一起帶去喔！對照資料才能購買正確的顏色。

【確認布料用量】

要購買多少的布料才夠呢？

布料的幅寬有各種尺寸，看到中意的布料後，記得要確認寬度再購買，才不會買得過多而浪費喔！

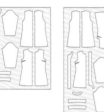

寬150cm　寬110cm　寬70cm

150cm、110cm、70cm之外還有各種不同寬度的布料。依布寬不同也會影響版型的配置和購買的數量。

【決定用布量的方法】

布寬＝110cm則畫出11cm

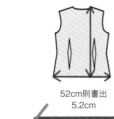

52cm則畫出5.2cm

27cm則畫出2.7cm

70cm則畫出7cm

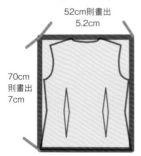

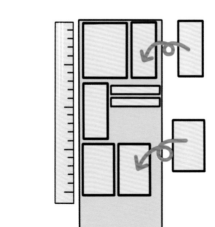

1　在紙上畫出1/10的布料寬度，長度預留多一點。

2　測量紙型最寬的一側。製作紙型長度1/10的四方形。

3　排列上步驟2所需的四方形數量。以尺測量所需長度，乘以10倍就是必須購買的數量。

※ 適合COSPLAY服裝的布料

【有哪些種類的布料呢？】

 平織布

平行線和垂直線交織而成的布料，也有依織線交錯方式來命名的布料。除了標明有伸縮性之外，基本上平行和垂直線都是不易伸縮的布料。

- ●斜紋布
- ●沙典
- ●梨面布

布料店賣的布料不一定都適合作成服裝，有的適合裝飾用或室內裝潢用，也有不適合車縫或洗滌的布料。如果不確定請向店員請教一下。

針織布

以毛線編織而成的布料。具有伸縮性，適合T恤或運動服裝等。基本上使用橫向伸縮的布料就OK，但如果製作貼身服裝必須選擇直向可伸縮的布料。

- ●天鵝絨
- ●雙向針織布
- ●雙面布等

 合成布料

仿天然皮革製作的布料。在平織布和不織布等基底布上以樹脂加工的合成皮革、或天然皮革般的加工合成皮等。合成皮革經過幾年容易變黃、產生龜裂等現象，請多加注意。

- ●漆皮布
- ●PU合成布料

【確認原料】

棉・棉花

毛・羊毛

絹・絲質

依原料的特質區分成適合和不適合服裝製作。進口品質較差的棉素材製作成的布料有可能易掉色、染色。（例如 丹寧布…棉素材斜紋織易掉色／日本產棉素材丹寧布不會掉色）。

- ・棉…容易產生皺褶，容易車縫
- ・聚酯纖維…不易產生皺褶、不易染色
- ・醋酸纖維…光滑、一旦沾濕光澤感會消失，產生皺褶
- ・絲…觸感舒適，一旦沾溼光澤感會消失
- ・羊毛…易被蛀蟲咬
- ・麻…洗滌後易產生皺褶
- ※但也有經過加工後，可以克服以上缺點的布料。

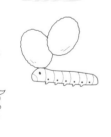

◆ 攜帶時的注意事項 ◆

摺疊整齊！

產生皺褶…

參加活動時，有沒有遇到過扮演同樣角色、穿著相同設計款式衣服，卻給人完全不同印象的Coser呢？大部分的粉絲會帶著COSPLAY服裝到會場進行替換，好不容易作的很美的衣裳，卻會因產生皺褶而影響實際的效果。

日常穿的衣服雖然選擇天然素材比較好，無法熨燙整理但又易產生皺褶時，選擇聚酯纖維素材來製作會比較合適。

【初學者也可以輕鬆車縫的布料】

平織布

・斜紋布

以斜向織紋構成的斜紋布圖案總稱。包括丹寧布、細丹寧布、帆布等斜向織紋的布料也稱為斜紋布。依據橫線和直線交錯的數目或素材不同，名稱也會改變。

棉斜紋布

一般布店都可以輕鬆購買到的布料，大約像市售一般厚度的褲子用布。雖然顏色種類眾多，但因為是棉質，所以容易產生皺褶。容易車縫。雖然適用各種顏色，但因斜紋有空隙不易上色。適合設計成各種休閒外套、褲子、連身裙、緊身裙等。

聚酯纖維斜紋布

不易產生皺褶、很輕盈。網路上可以購買到各種顏色，但因纖維的粗細或加工不同，質感也會不一樣，購買前必須先索取布樣。聚酯纖維不易染色，若需要使用顏料繪製，請在製作前在布邊先畫看看。另外也有可以熨燙圖案的種類。較厚的材質適合製作外套、褲子、大衣等；較薄的布料則適合連身裙或柔軟的裙款。

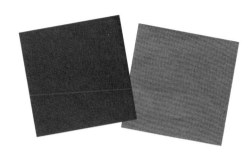

・帆布

密度很高的斜紋布。直向織線比橫向織線多，所以斜紋更顯傾斜，有分棉質、聚酯纖維、羊毛等素材，依照素材不同，質感或性質也會改變。非常適合製作連身裙的款式。

（正面）

（背面）

・沙典布

表面具有光澤的布料，常常使用在中國風衣裳。緞紋組織製成，有棉質、聚酯纖維等材質的沙典布。有輕薄，也有厚實布料、色彩種類豐富。但若為了搶眼，而整體使用具光澤的沙典布，可能會顯得庸俗。如果不要這麼誇張的效果，也可以使用背面來製作。

棉沙典布

柔軟光澤布，高雅品質、多樣圖案織紋。雖然棉質容易產生皺褶，但比起本色細平布較不易產生皺褶。適合製作成上衣、浴衣等。

聚酯纖維沙典布

不易產生皺褶，平織布纖維依加工不同，觸感也會改變，購買前請先索取樣本布確認。從輕薄像裡布般的柔軟布料，到棉平織這種稍有厚度的布料都有。因為不易上色，請特別注意。

・本色細平布

平常穿的上衣、連身裙常常會使用到的輕薄布料，容易產生皺褶。顏色種類豐富，非常推薦用在斜布紋織帶或圖案剪貼設計喔！

・密織平紋布

和本色細平布一樣都是輕薄的布料，織紋細密、布質硬挺。比起本色細平布更不容易起皺褶。非常適合製作襯衫、上衣、輕薄設計的服裝。因為質料稍顯透明，內搭的圖案T恤或內衣可能會透出來。也可以稱為TC布的密織平紋布，T＝特多龍（Polyester）、C＝COTTON（棉），所以可維持平整。

・梨面布

具有表面凹凸紋路的布料。雖然是化學纖維，質地較輕薄且不易產生皺褶，但光滑的材質在裁剪時容易移位，在剪裁布料時，可改變方向進行，而不要移動到布料。如果不想要使用光澤閃亮的沙典布，梨面布是很好的選擇。凹凸紋路和楊柳布很像，適合製作成和風的服裝。

・中國風布料（提花布）

布面織出花紋，富有光澤感的高雅布料，有各種不同的厚度選擇。布邊容易綻開，請小心處理。跟一般布料比起來價格偏高，所以只需使用部分，製作成中國風、和風服裝時就會看起來很不一樣。為避免洗滌褪色，請內搭吸汗的上衣。

針織布

・天竺平針織布

以天竺編編織而成的布料，市面販賣的T恤最常使用這種布料。因布邊易捲曲，對於初學者製作上可能比較困難，使用黏著噴劑（可洗滌）噴在縫份處後會比較容易車縫，記得使用紙等蓋住身片避免噴到。沒有像雙面布、羅紋布般具有伸縮性，所以寬鬆一點的設計款式穿起來才舒服。

・雙面針織布

伸縮性佳、觸感舒適的素材。由正反面兩組羅紋編織成，布邊不易捲曲，比起天竺布伸縮性佳，但比不上羅紋布有彈性。較厚的雙面針織布，適合用在制服針織背心或外罩衫等。

・羅紋布

比起雙面針織布伸縮性佳，所以在車縫時，必須在布料和壓布腳中夾入紙張，這樣車縫時才不會變形。像是肩膀、下襬等不可伸展的部位，必須縫上止伸襯布條或貼上細黏著襯。也常用在薄T恤、厚的運動衣的袖口上。

・刷毛布

使用地線和裡線編織而成。背面為毛圈狀。厚實素材非常保暖，常常使用在運動衫或外罩衫上。

合成皮革

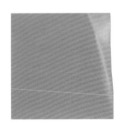

・漆皮

布的表面塗上樹脂或亮光漆，使其展現光澤的布料。也有經過霧面處理的種類。因為不易綻布，可以裁剪成圖案、胸章等黏貼在衣服上。

・自黏式PU合成皮

具伸縮性的硬挺合成皮革。噴上矽立康潤滑劑後，家用縫紉機也可縫製。一般都使用在包包或小物的製作，因為不會綻布，也可以製作成衣服上的圖案或胸章。 撕下背面紗布般的布料後會具有黏貼性，可以用在製作盔甲等造型上，但因為太花時間而且沒效率，請使用伸縮合成皮革即可。

・伸縮合成皮革

針織布表面塗上合成樹脂加工。但伸縮度不如緊身衣的強度，製作時請多預留一些縫份，方便試穿時的修改。光滑表面不易車縫，還會造成斷線，請使用矽立康潤滑劑或專用壓布腳。縫針也必須改用針織布專用縫針。如果想要製作緊身的服裝，可以使用箔加工2WAY針織布（彈性極佳的緊身彈性布）。

✦ 車縫合成皮革的方法 ✦

鐵氟龍壓布腳
（皮革專用）

在車縫合成皮革時，可能會咬布無法順利縫製。
上線壓力調節弱一點，另外將壓布腳壓力也調節弱一點。
如果噴上矽立康潤滑劑，將壓布腳改為鐵氟龍壓布腳，縫製時會比較順利。

矽立康潤滑劑

彈性皮革…okadaya新宿本店　矽立康潤滑劑…Clover　專用鐵氟龍壓布腳…Brother

✳針織布車縫方法✳

針車縫針織布時，
請準備專用的車
縫針和線喔！

可以依一般布料的方法車縫針織布嗎？

斷線

使用一般車縫針和線車
縫時，因為沒有彈性，
只要拉扯針織布就會造
成斷線。而車縫針很銳
利，不但會切斷針織布
編孔，還會影響布料的
彈性。

針織布專用車縫針

圓形針頭，車縫時不會損害
到針織布料。

針織布專用車縫線

上下縫線換成針織布專用
車縫線。比起一邊縫線，
針織布專用車縫線彈性比
較好。

車縫針織布

不同於防止
綻線的
Z字形車縫

普通的縫目

T恤布料等較無彈性的素材，貼上黏著襯條
處，也可以使用針織布專用縫線車縫。

伸縮車縫

彈性佳

伸縮車縫，像是Leotard這種布料必須比一
般縫線更加有彈性，才不會因為拉扯布料
造成斷線。

三重車縫

彈性極佳的布料Leotard，須選擇三重車縫
法。上線壓力調節強一點，才不會容易斷
線。

難度高的針織布輕鬆車縫的方法

砂紙
面向布料

砂紙面向布料

將砂紙或紙張，夾在壓布腳和布料中間，砂紙面向布料
車縫。

貼上止伸襯布條

止伸襯布條

貼上止伸襯布條

肩線或下襬貼上止伸襯布條，或將針織布黏著襯剪成細
條狀，以便可以貼進縫份內。

縫線呈現波浪狀時

彎曲不平

1 縫份進行Z字形車縫後呈現波浪狀。

2 以熨斗熨燙整理，壓在波浪狀上。

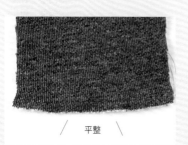

平整

3 波浪狀部分變得平整了。

針織布用縫線（Resilon）⋯FUJIX　針織布專用縫針・止伸襯布條⋯CLOVER

※ 關於布料

【整理布紋】

有些布料不需過水處理，像是絲或醋酸纖維等遇水光澤會消失、羊毛或聚酯纖維即使遇水也不會伸縮，所以這些布料均不需處理。

什麼是布紋？

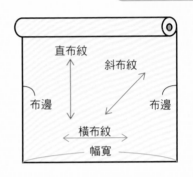

布料的各部位名稱

● 布邊…織線折返處，布料的兩側。
● 直布紋…與布邊平行的布紋。
● 橫布紋…與布邊垂直的布紋。
● 斜布紋…與布邊呈現45°的正斜布紋，不易鬚邊。
● 幅寬…布邊與布邊的長度。

與布邊垂直或平行的織目叫作布紋。
以布邊為基準，在紙型上畫上箭頭，標明需裁剪的布紋方向。

整理布紋和浸濕的理由

· 一旦吸收水分會收縮、扭曲的布料。
· 有可能會褪色的布料。

由直織線和橫織線編織而成的布料，放置在專門店販賣時，常常因為捲曲等造成布料歪斜。如果沒有處理就直接車縫，容易造成服裝歪斜、或褪色、染色等問題。在裁剪布料前請先整理和浸濕布紋，防止服裝的損傷。

● 整理和浸濕布紋的必要手續

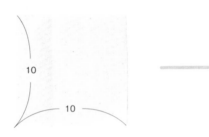

1 裁剪10×10cm布料。

2 沾水之後，輕輕擰乾後進行熨燙整理。

3 裁剪下來的布料確認歪斜的程度、縮短的尺寸，來整理布料。

● 整理棉、麻布料

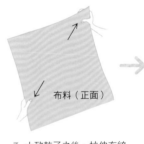

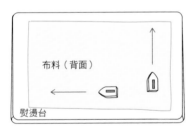

1 重複摺疊布料，置於洗衣袋內放進水中浸泡1小時左右。請輕輕擰乾，注意不要損害到布料本身。若使用洗衣機脫水，請15秒以內脫乾。

2 陰乾時要注意避免布料歪斜。

3 大致乾了之後，拉伸布紋成直角狀，整理布料。

4 從背面整理布料並熨燙。

● 整理羊毛布料

1 從背面噴水。

2 放進塑膠袋內靜置1個小時左右。從背面熨燙整理，避免從正面熨燙產生壓痕。

● 整理針織布料

1 重複摺疊布料，放進水中浸泡。輕輕擰乾即可。

2 放平晾乾（吊起來容易變形）。大致乾了之後，以蒸氣熨燙整理布料。

❋ 分辨布料的正背面

●斜紋圖案布料

（正面）

（背面）

斜紋圖案布料

例
●斜紋布
●細丹寧布
●丹寧布

●印花布

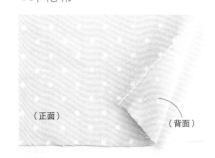
（正面）　　　　　（背面）

印花布以有清楚圖案面為正面。
或布邊會印有LOGO字樣的為正面。

●編織圖案花紋布

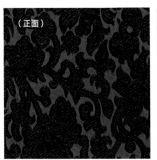
（正面）

（背面）

花紋模樣明顯的面為正面。

例
●錦緞
●提花布

●紡毛織物

（正面）

（背面）

起毛加工時造成布邊織毛彎曲，布邊倒向內側呈圓弧彎曲狀就是正面。

●毛織布

（正面）

（背面）

毛整齊站立的毛織面為正面。

例
●天鵝絨
●棉絨
●絲絨

例如使用沙典布背面當作正面，製作沒有光澤的裙子也可以喔！

使用布料正面或背面依自己喜好即可。但是布料正反面光的折射度會不同，如果製作時正反面混著用會很混亂，請統一使用一面來縫製。

Step 4 黏著襯

※ 什麼是黏著襯？

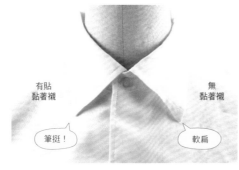

貼在布料背面可以支撐布料挺度、或使用在補強、止伸時使用的黏著襯。
在領子或貼邊、腰帶背面等處使用。請比較看看貼上黏著襯的領子和沒有貼的差別。

有貼
黏著襯

無
黏著襯

筆挺！

軟扁

【黏著襯的種類】

梭織襯

基底布是平織材質，適合用在一般平織材質的布料上。

針織襯

編織而成的基底布。如果要黏貼在針織材質上，請選擇此種類，才不會損害布料質感。

不織布襯

基底布是不織布材質，不管任何方向都可以裁剪使用。適合用於帽子和包包等作品上。

【選擇黏著襯的方法】

輕薄布料請選擇薄襯，厚重布料請選擇厚襯。
輕薄布料選擇厚襯時，會造成多餘的黏著劑滲至表面。而厚重布料選擇薄襯，黏著力變弱，容易剝落、或造成凹凸不平。

【黏著襯的貼法】

●全面貼合

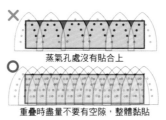

蒸氣孔處沒有貼合上

重疊時盡量不要有空隙，整體黏貼

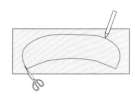

1 將要黏貼黏著襯的布料大致裁剪下來。（粗裁）

2 裁剪黏著襯比起步驟1的尺寸稍小一點，放上墊紙以熨斗燙貼黏著襯。以中溫熨燙不需使用蒸氣。

3 絕對不要移動熨斗，每一次按壓由上往下熨壓燙貼約15至20秒。提起熨斗再下壓熨燙，沒有空隙才能整體黏貼。

4 待布料冷卻安定後，再剪下紙型所需部位。

●部分貼合

1 像是口袋貼合時，剪下口袋和黏著襯。

2 放上墊紙貼上黏著襯。

❖ 黏著襯剝落的原因 ❖

好不容易貼上的黏著襯，卻剝落的原因可能有以下幾點。

溫度低→黏著襯上黏著劑沒有完全融化，無法完全緊密貼合。
溫度高→黏著襯上黏著劑滲印至表面導致剝落。
時間短→黏著襯上黏著劑沒有完全融化，無法完全緊密貼合。
壓力弱→黏著襯上黏著劑沒有滲入布中，導致剝落。

Step 5 合印記號 & 裁剪

※ 作合印記號的方法

可以記號筆標示的布料

 斜紋布・密織平紋織物・梨面布等

⬇

作上合印記號後裁剪

不可以記號筆標示的布料

 羊毛・天鵝絨

⬇

裁剪後再作合印記號

【作上記號後裁剪】

1 使用打具在完成線的邊框、記號、尖褶尖端處戳洞。

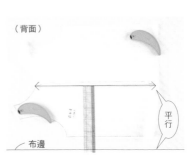

（背面）

平行

布邊

2 對齊紙型和布邊，將紙型覆蓋在布料上。以直尺確認布邊和布紋線呈平行狀態。紙型需平整，並放上紙鎮固定不動。

3 描繪紙型的輪廓線，並標示上步驟1的記號。不需標示完成線。

4 拿開紙型進行裁剪。

5 完成。畫上尖褶線會更容易車縫。

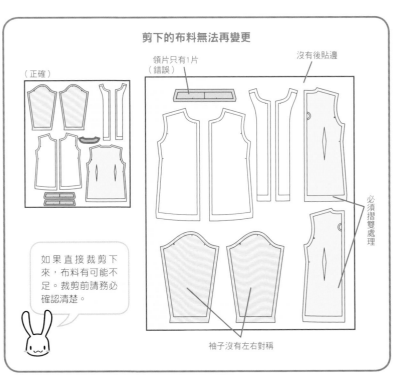

剪下的布料無法再變更

（正確）

領片只有1片（錯誤）

沒有後貼邊

必須摺雙處理

如果直接裁剪下來，布料有可能不足。裁剪前請務必確認清楚。

袖子沒有左右對稱

【裁剪後製作線釘記號】

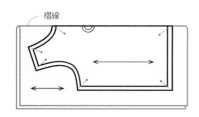

褶線

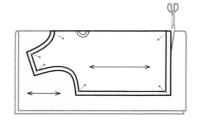

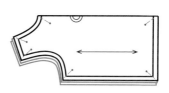

1 紙型對齊布紋線並覆蓋在布料上，轉角請以珠針固定。

2 以剪刀裁剪下來。

3 依照紙型裁剪。

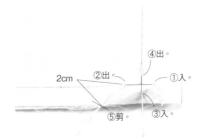

④出。
②出。
①入。
2cm
⑤剪。
③入。

4 紙型就固定在布料上，不需打結以兩條疏縫線縫製邊角十字後裁剪。

5 裁剪疏縫線中心處。

6 如同步驟4、5在邊角處縫製十字線後裁剪。記號或尖褶也依同樣方法縫製十字線後裁剪。

7 稍稍分離紙型，翻開上側布料，裁剪布料和布料之間的疏縫線。

8 上側縫線請留下0.2cm左右剪下。

9 搓揉線頭壓平，才不會脫落。車縫完成之後再以夾子拔出疏縫線。

紙型要放在布料
正面？背面？

裁剪布料時紙型要放在布料正面？還是背面呢？

有些布料以粉土標上記號後不易消失，所以先在布邊試試看，記號很容易就消失的布料，紙型就放置在正面。記號不容易消失的布料，紙型就放置在背面。但若是使用消失筆描繪輪廓，正面或背面都沒有關係。

但如果是左右不對稱的設計，請放置正面以免搞混。

表面絨毛素材布料無法標上記號時，這時請放置背面描繪喔！

✳裁剪前需要注意的事項✳

●花紋方向

有方向性的布料，紙型也必須注意上下的配置。

●毛流的方向

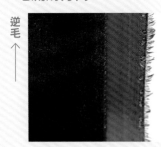

絨毛素材（天鵝絨）或人造毛皮等都有分順逆毛的方向。看起來更濃密或泛白等，裁剪時請注意每片紙型的方向必須統一。
短毛布料，毛流顏色看起來漂亮的一方為逆毛，長毛的一方為順毛。

●薄布料的裁剪方法

薄沙典布等較光滑的布料不要重疊一起裁剪，先標上一片的記號後拿開紙型裁剪，再將紙型翻轉至背面放置布料上，使其左右對稱即可裁剪。

●對花

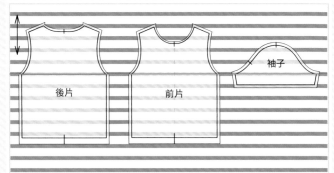

上衣

脇邊也可以漂亮對齊花紋，脇邊下側要選在一樣的花色上。

褲子

放置時注意下襬花紋需一致，另外下襬兩等分對摺線處花紋也必須一致。

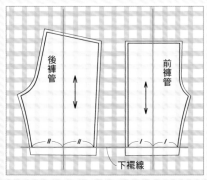

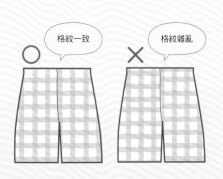

Step 6 縫製基本功

※ 車縫的準備

【配合使用的布料選擇針和線】

	薄布 沙典·喬其布· 歐根紗	普通厚度 本色細平布·密織平紋 布·斜紋布·帆布	厚布 丹寧布·葛城布· 帆布
車縫線	90號	60號	30號
車縫針	9號	11號	14號

【搭配布料顏色來決定車縫線顏色】

手藝店或專賣店都附有車縫線顏色的樣本，請選擇布料相近的顏色。

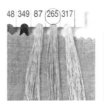

如果無法找到相符的顏色

淺色布	深色布	圖案布
淺色布料選擇較明亮色系的車縫線才不會太明顯。	深色布料選擇較深色系的車縫線才不會太明顯。	請選擇出現次數最多的顏色的車縫線。

【線的張力】

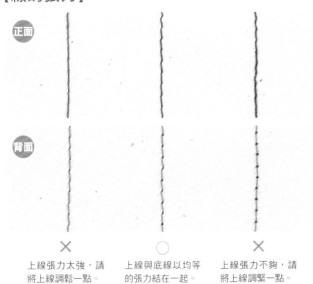

正面

背面

✕ 上線張力太強，請將上線調鬆一點。　○ 上線與底線以均等的張力結在一起。　✕ 上線張力不夠，請將上線調緊一點。

【始縫點和止縫點】

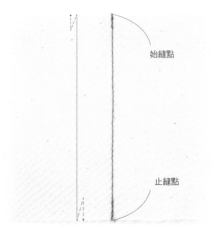

始縫點

止縫點

一開始的始縫點和最後的止縫點，都要壓倒退縫按鈕3至4針，這樣才能固定縫線。

【布料疊合的方法】

正面相對　　　　背面相對

兩片正面相對疊合車縫。　　兩片背面相對疊合車縫。

【珠針的使用方法】

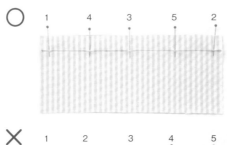
○ 1 4 3 5 2

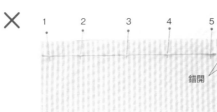
✕ 1 2 3 4 5　錯開

如果將珠針由邊端開始依順序別上，有可能造成布料的移位。特別是固定有凸弧線和凹弧線時，就算長度一樣的完成線，縫份邊端長度也不一樣，所以從布邊依順序別上珠針固定，只會越來越糟糕。

在使用珠針固定兩片以上的布料時請先固定兩端後，在固定中央處和其空隙處。如同圖片一般在完成線上將珠針呈直角勾起一點點紗線即可，布料就不會錯開。

✱ 直線車縫的技巧

【確認縫份寬度】

目前販售的縫紉機，在針板上皆標有稱為導引線的刻線。將布邊對齊想要車縫的寬度導引線，進行車縫，就能製作出相同寬度縫份。
※為了方便辨識，先將壓布腳取下。

沒有導引線時

● 針板上貼上紙膠帶

紙膠帶

在針板上貼上紙膠帶當作導引線，將布邊對齊導引線車縫。

● 以紙製作導引線

摺疊紙張，貼在針板上當作導引線。

【布料兩側拉緊】

拉緊不要有皺褶

1 左手輕壓布料，右手輕輕往前拉緊布料。

拉緊前進

2 右手扶著布料車縫前進。

重新拉緊

3 無法再扶著車縫前進時，請暫時停止車縫，重新拉緊布料。如果不重新拉緊，可能會造成變形、偏移。

✱ 處理縫份

● Z字形車縫

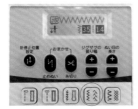

改成Z字形車縫來車縫布邊。不容易車縫時請稍稍靠內側一點試試看。

● 三褶邊車縫

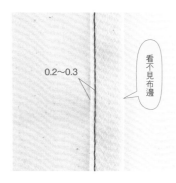

0.2～0.3

看不見布邊

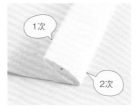

1次

2次

布邊摺疊2次。布邊摺疊至內側看不到。

● 二褶邊車縫

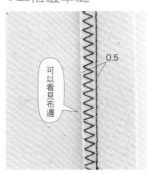

0.5

可以看見布邊

摺疊

摺疊布邊一次車縫。布邊顯露在外，所以先進行Z字形車縫後再車縫即可。

● 斜紋布條包縫

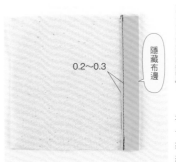

0.2～0.3

隱藏布邊

布邊和斜紋布條正面相對疊合，車縫斜紋布條褶線處，斜紋布條翻至正面包夾布邊車縫。也可用來裝飾布邊用。

✳ 抽拉細褶

【縫紉機的基本功能】

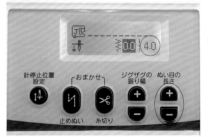

よわく‥‥つよく 2

改變縫線長度。
想要放寬縫線長度時調整到較大的數字，縫目約0.3至0.4cm左右。

上線張力調節弱一點。如果上線張力鬆，下線也很容易就拆下來。善用這點抽拉上線製作細褶。

只車一條縫線會不穩定且不易車縫，兩條縫線不但牢固也較容易車縫。

●車縫方法

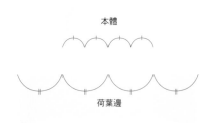

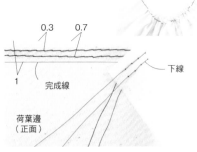

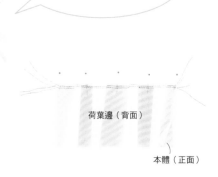

1 本體和荷葉邊依同樣等分作上記號。

2 車縫線上線張力調節弱一點，縫目長度訂為0.3cm，荷葉邊縫份粗針目車縫兩條。

3 本體和荷葉邊正面相對疊合，對齊記號以珠針暫時固定。

4 抽拉兩條下線製作細褶。細褶以手指均等調節分量。

5 車縫完成線，縫份倒向本體側。

6 細褶完成。

使用斜布紋製作荷葉邊，會更顯質地柔和。

縫製完成的衣服怎麼看起來不是很體面？這是因為縫份不安定的緣故。

✳ 縫製完成後的整燙

●縫份倒向單側

車縫完後縫份（兩片以上）倒向一邊。就叫作倒向單側。

●燙開縫份

車縫完後燙開縫份，各往左右邊摺疊。就叫作燙開縫份。

●壓燙

抽拉細褶變得厚重的縫份以熨斗整燙過，細褶才會安定。熨斗使用尖端按壓即可輕鬆整燙。

Step 7 紙型補正

【縮短腰線】

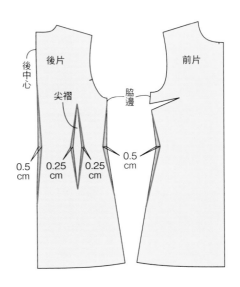

想要縮減的分量請分散到脇邊或尖褶部分，往內側重新描繪線條。
例如一圈想減少4cm時，後中心（2處）‧脇邊（4處）‧尖褶（2處）各縮減0.5cm，整體就可減少4cm。

【增加袖長】

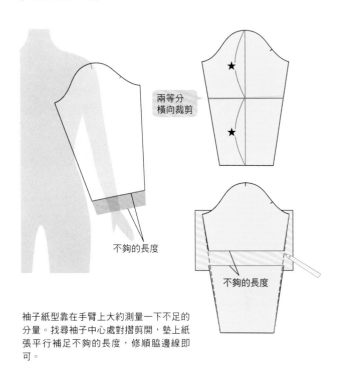

兩等分橫向裁剪

不夠的長度

不夠的長度

袖子紙型靠在手臂上大約測量一下不足的分量。找尋袖子中心處對摺剪開，墊上紙張平行補足不夠的長度，修順脇邊線即可。

【改變褲子的寬度】

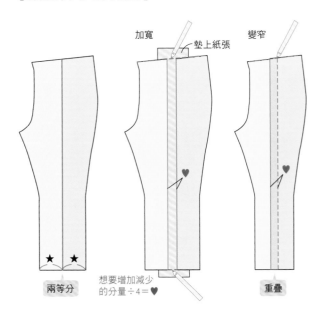

加寬　墊上紙張　變窄

兩等分

想要增加減少的分量÷4＝♥

重疊

褲子直向對切，將想要減少的分量除以四等分，想要增加時展開需要的寬度，縮小時重疊不需要的分量。各自平行移動後，修補腰線的段差即可。

【改變身片寬度】

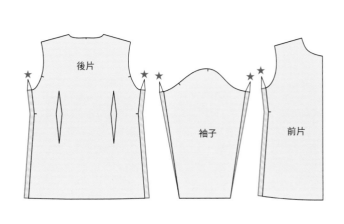

後片

袖子

前片

增加前、後身片脇邊分量。平均分配四個地方。例如一圈要增加4cm，各自增加1cm即可。脇邊一旦變大，袖襱長度也會不夠，墊上紙張從脇邊補足不夠分量，沿著袖口修順線條。

 # 加上不同技法的應用

基本縫製熟練之後，搭配不同技法就可以更接近自己設計的服裝款式。

✳ 繪製圖案的方法

【依圖案分辨製作方法】

怎樣才可以在衣服上繪製圖案呢？

依布料或圖案的差異，製作方法也會大不相同。像是一洗滌就容易掉色、褪色等，請依下圖選擇適當的方法。

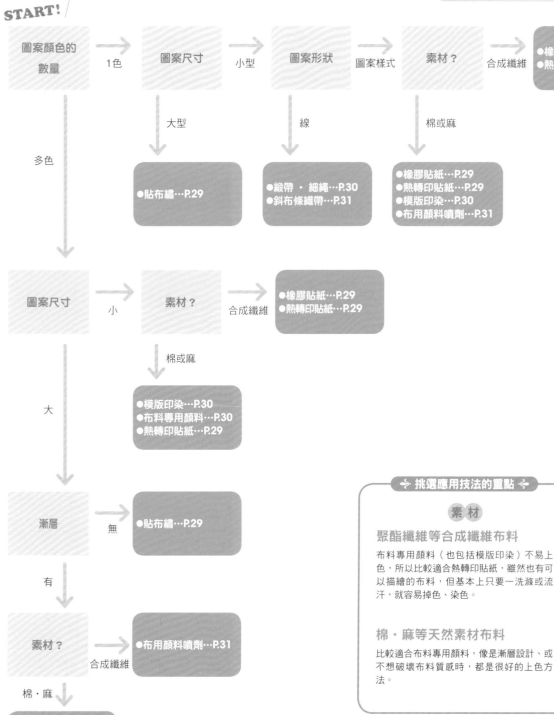

START!

圖案顏色的數量 → 1色 圖案尺寸 → 小型 圖案形狀 → 圖案樣式 素材？ → 合成纖維
●橡膠貼紙…P.29
●熱轉印貼紙…P.29

大型
●貼布繡…P.29

線
●緞帶・細繩…P.30
●斜布條織帶…P.31

棉或麻
●橡膠貼紙…P.29
●熱轉印貼紙…P.29
●模版印染…P.30
●布用顏料噴劑…P.31

多色

圖案尺寸 → 小 素材？ → 合成纖維
●橡膠貼紙…P.29
●熱轉印貼紙…P.29

棉或麻
●模版印染…P.30
●布料專用顏料…P.30
●熱轉印貼紙…P.29

大

漸層 → 無
●貼布繡…P.29

有

素材？ → 合成纖維
●布用顏料噴劑…P.31

棉・麻
●模版印染…P.30
●布用顏料噴劑…P.31

➜ 挑選應用技法的重點 ➜

素材

聚酯纖維等合成纖維布料

布料專用顏料（也包括模版印染）不易上色，所以比較適合熱轉印貼紙，雖然也有可以描繪的布料，但基本上只要一洗滌或流汗，就容易掉色、染色。

棉・麻等天然素材布料

比較適合布料專用顏料，像是漸層設計、或不想破壞布料質感時，都是很好的上色方法。

【貼布繡】 車縫上不易綻布的不織布或合成皮革，或裁剪背面貼有不織布或針織黏著襯的圖案布料、也可以黏著劑直接貼上。

推薦的布
●不織布
●漆皮布（薄合成皮革）

●使用方法 ※以下使用的是不織布

車縫

COSPLAY
（正面）
車縫 7

（背面）

1 不需加上縫份，直接剪下想要的圖案。

2 若想要滾邊效果，可在下面重疊不同顏色布料後車縫。

3 沿著周圍裁剪後車縫至身片上。

【熱轉印貼紙】 以電腦製作後，印出圖案再使用熨斗貼在布料上。有分白色布、深色布和針織布專用，仔細看看說明書後配合布料使用。一般直接印出貼上即可，但也有需要顛倒印刷的種類，請注意說明書上的使用方法。

比起手工藝材料店，一般電器專賣店會販賣更多的熱轉印貼紙。使用白色布時因為顏色會透過去，所以白色以外的布料選擇深色用的即可。

1 以電腦製作後，印出圖案並裁剪。

2 放置於黏貼位置上，以熨斗熨燙貼合。

【橡膠貼紙】 熨斗熨燙就可以貼合的單色貼紙。金、銀、金屬色都有販售。可以展現出美麗顏色的圖案，即使很細緻的花紋也可以製作。

橡膠貼紙（正面）
薄膜
（背面）

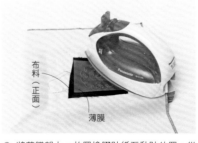

布料（正面）
薄膜

1 就像剪紙般以美工刀割下圖案。切割下來是背面圖案，所以切割時必須左右顛倒，去除不必要的部分。在拔除薄膜時，要小心地先以針等尖銳物輕輕按著細微部分避免撕破。

2 將薄膜朝上，放置橡膠貼紙至黏貼位置，從正面開始熨燙。請選擇穩固的熨燙台，底部墊上雜誌或布片，可以熨燙得更漂亮。

3 薄膜請輕輕撕下來。薄膜有分可「趁熱的時候撕下來」種類，或「充分冷卻後再撕下來」種類，請仔細閱讀說明書再製作。

【緞帶‧細繩】

以緞帶或細繩製作出圖案的方法。直線圖案是最簡單的，如果是曲線圖案請參考P.75。若想要花俏一點的感覺，可以搭配蕾絲或花紋織帶縫製。

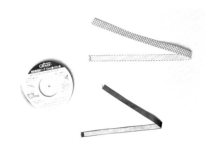

1　在緞帶背面貼上雙面黏著襯條後熨燙。

2　完全散熱之後撕開離型紙，放置在想要黏貼的位置上。製作邊角時只要摺疊緞帶即可。

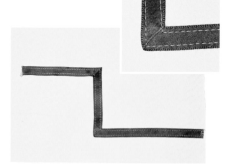

3　車縫緞帶邊端。在此為了方便說明，使用顏色明亮的車縫線，實際縫製時請使用適合緞帶的縫線。

【布料顏料專用】

使用布料專用顏料、壓克力顏料描繪圖案。雖然100％棉布在洗滌過後也不會褪色，但是化學纖維無法吃色，一經洗滌就會掉色。

直接在布料上描繪，或製作紙板模型按壓描繪也可以。

洗滌後

棉本色細平布

聚酯纖維

洗滌後

化纖沙典布

【模版印染】

將膠板切割出自己想要的圖案，覆蓋在想要描繪的部位以海綿或畫筆塗上顏色。塗完後可移動模型製作出重複圖案，也可以製作漸層效果。

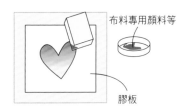
布料專用顏料等
膠板

在布料上重疊割好圖案的膠板，以海綿輕輕地沾顏料塗上。在塗繪時先在紙上擦掉多餘的顏料，塗抹時不要有多餘水分。

棉本色細平布

聚酯纖維斜紋布
化纖沙典布

洗滌後
掉色

避免邊緣描繪到的安全措施

在底下鋪上紙張、書本等可以避免布料移位，即能輕鬆塗上顏料。

1　切割膠板。

2　將膠板放置在布料上，但這樣顏料很容易超出範圍。

3　在周圍貼上報紙或廢紙，蓋住不需要的部分，這樣周圍就不會弄髒了。

【布用噴漆】

使用布用噴漆，噴在裁剪好的圖案上面。非常推薦使用在重複花樣或漸層圖案。

噴在裁剪好的基底圖案上，製作出想要的紋路。

棉本色細平布

聚酯纖維斜紋布

化纖沙典布

如果使用皮革用噴漆，也可以改變靴子的顏色。

以布用噴漆製作漸層圖案也很簡單

棉本色細平布

聚酯纖維斜紋布

請準備兩色以上的噴漆。先噴上一色，乾了之後再從邊端噴上另一色，製作出漸層效果。

【滾邊條】

從手藝店購買現成的滾邊條製作圖案。因為滾邊條稍稍有彈性，所以可以製作出曲線的紋樣。

滾邊條

就像使用緞帶與細繩一樣，貼上雙面黏著膠帶，熨斗熨燙貼合滾邊條，車縫邊端即可。

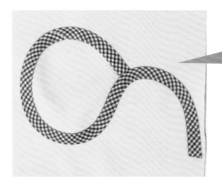

簡單就可以製作滾邊條

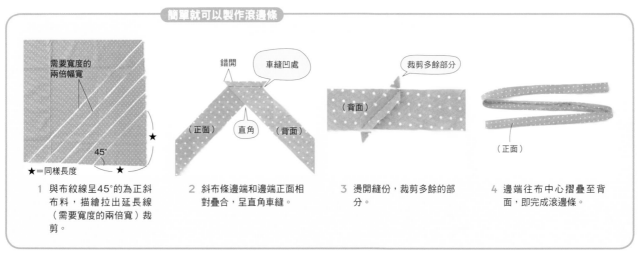

需要寬度的兩倍幅寬

45°

★=同樣長度

1 與布紋線呈45°的為正斜布料，描繪拉出延長線（需要寬度的兩倍寬）裁剪。

錯開　　車縫凹處

（正面）　直角　（背面）

2 斜布條邊端和邊端正面相對疊合，呈直角車縫。

裁剪多餘部分

（背面）

3 燙開縫份，裁剪多餘的部分。

（正面）

4 邊端往布中心摺疊至背面，即完成滾邊條。

✳ 紙型應用的方法

【抽拉細褶】

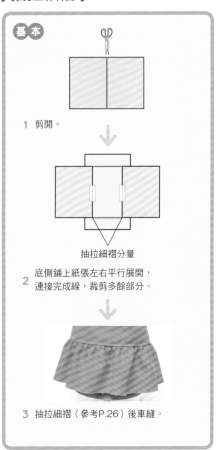

基本

1 剪開。

抽拉細褶分量

2 底側鋪上紙張左右平行展開，
連接完成線，裁剪多餘部分。

3 抽拉細褶（參考P.26）後車縫。

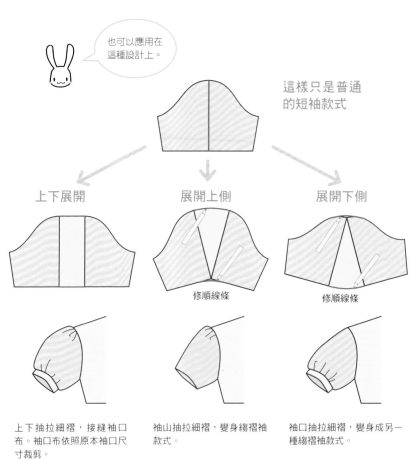

也可以應用在這種設計上。

這樣只是普通的短袖款式

上下展開　　　展開上側　　　展開下側

修順線條　　　修順線條

上下抽拉細褶，接縫袖口布。袖口布依照原本袖口尺寸裁剪。

袖山抽拉細褶，變身綯褶袖款式。

袖口抽拉細褶，變身成另一種綯褶袖款式。

【荷葉邊設計】

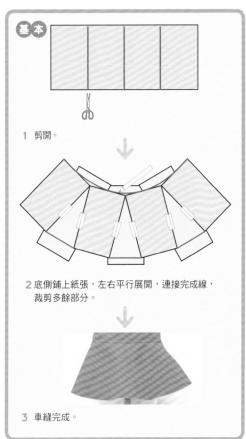

基本

1 剪開。

2 底側鋪上紙張，左右平行展開，連接完成線，
裁剪多餘部分。

3 車縫完成。

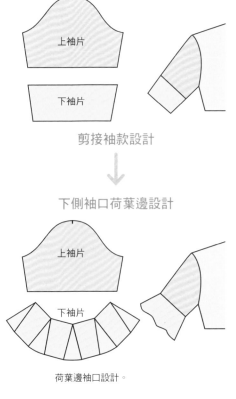

上袖片

下袖片

剪接袖款設計

下側袖口荷葉邊設計

上袖片

下袖片

荷葉邊袖口設計。

也可以應用在這種設計上。

依據細褶或荷葉邊分量的不同，
外觀也會完全改變喔！

荷葉邊
4倍

荷葉邊
2倍

荷葉邊
1.5倍

細褶或荷葉邊分量越多，傘狀線條越明顯。

【剪接設計款式】

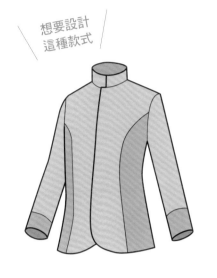

想要設計
這種款式

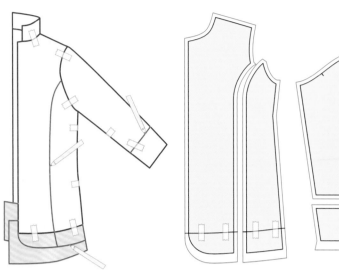

1 貼合未附縫份的紙型，一邊試穿一邊
描繪剪接線、鋪上紙張補足想要加長
的部分。

2 分開紙型，裁剪剪接線位置，紙型四周加上縫
份。切記剪接線位置一定要加上縫份。

【增加長度】

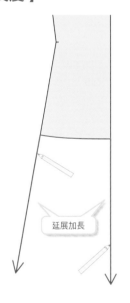

延展加長

1 直線延長身片長度。

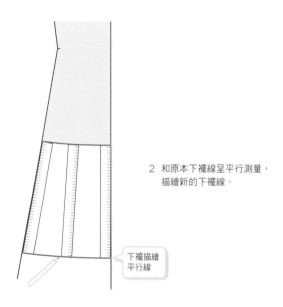

下襬描繪
平行線

2 和原本下襬線呈平行測量，
描繪新的下襬線。

【展開下襬寬度】

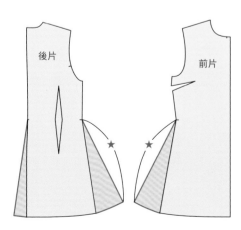

後片　　　前片

1 底下鋪紙補足下襬展開的剪接部分，切記
接縫部位的長度必須一致。

2 對齊縫合剪接部位，將下襬弧線修順
暢。

33

基本附領連身裙　作法 ✦ P.36

製作女生服裝時一定會使用到的基本連身裙版型。
在這款連身裙可以學習到車縫褶襉的方法、接縫領子的方法、
接縫袖子的方法、手縫暗釦的方法。

SIDE　　　　　BACK

使用布料…梨面布／OKADAYA新宿本店

基本附領連身裙　作品圖片 ⤏ P.34

材料
梨面布（粉紅色）　寬112×長22cm
密織平紋布（白色）　50×30cm
黏著襯　90×90cm
暗釦　7組

原寸紙型
A面1前片・2後片・3袖子・4領子・5前貼邊・6後貼邊

完成尺寸（由左至右為S/M/L/LL）
身長　81cm
胸圍　90／94／100／106cm
腰圍　79.5／83.5／89.5／95.5cm

【製作順序】

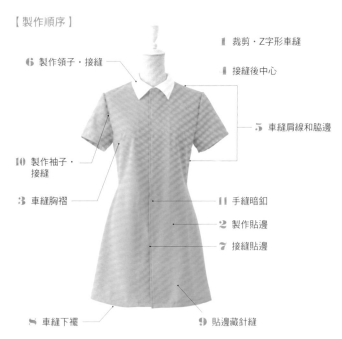

6 製作領子・接縫
10 製作袖子・接縫
3 車縫胸褶
4 車縫下襬

1 裁剪・Z字形車縫
8 接縫後中心
5 車縫肩線和脇邊
11 手縫暗釦
2 製作貼邊
7 接縫貼邊
9 貼邊藏針縫

※為了便於解說辨識，每個部分都使用不同色系布料，
並挑選顏色明顯的縫線＆黏著襯。

【裁布圖】

密織平紋布（白色）

30cm　領子　50cm

梨面布（粉紅色）

後貼邊　袖子　後片　前片　袖子　後片　前貼邊　前片　後片

220cm　　112cm

※（　）中的數字為縫份。除指定處之外，縫份皆為1cm。
※在□□的背面貼上黏著襯後裁剪布料。
※袖子・前貼邊・身片左右對稱裁剪。

---

1 裁剪・Z字形車縫

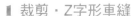

1 前貼邊・後貼邊・領子貼上黏著襯後裁剪（參考P.20）。所有布片均需進行Z字形車縫。

2 製作貼邊

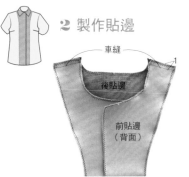

車縫　1
後貼邊
前貼邊（背面）

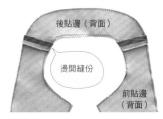

後貼邊（背面）
燙開縫份
前貼邊（背面）

2 前貼邊和後貼邊正面相對疊合，車縫肩線。

3 燙開縫份。

---

3 車縫胸褶

尖端最後縫線與褶線平行
褶線
縫線
褶線
車縫
前片（背面）

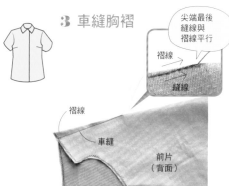

4 車縫前片尖褶。最後尖端與褶線平行車縫，不需回針縫。

兩條縫線打結
裁剪多餘縫線

5 車縫尖褶後預留多一點縫線。兩條縫線打結後裁剪多餘縫線，縫份倒向下側。

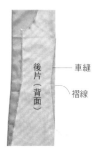

後片（背面）
車縫
褶線

6 車縫後片尖褶。始縫點和止縫點車縫方法同前片尖褶，縫份倒向後中心側。

4 接縫後中心

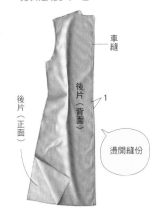

7 兩片後片正面相對疊合車縫，燙開縫份。

5 車縫肩線和脇邊

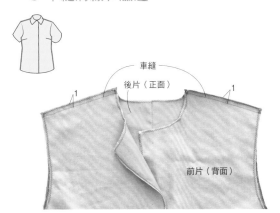

8 前後身片正面相對疊合車縫肩線，燙開縫份。

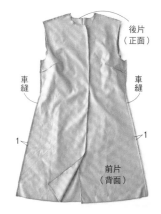

9 車縫脇邊，燙開縫份。

6 製作領子‧接縫

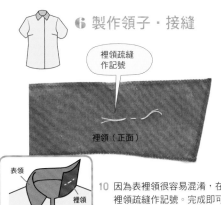

10 因為表裡領很容易混淆，在裡領疏縫作記號。完成即可拆除，不需打結。

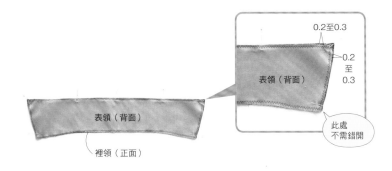

11 表裡領正面相對疊合。為了製作出領子鬆份，表領（未有縫線的領片）往內側錯開0.2至0.3cm左右以珠針固定。

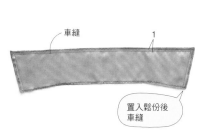

12 車縫時裡領（附有縫線記號）放置上側車縫。

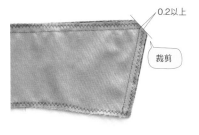

13 領尖端縫份預留0.2cm後裁剪。

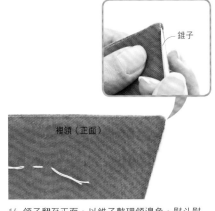

14 領子翻至正面。以錐子整理領邊角。熨斗熨燙整理。

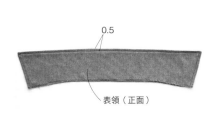

15 為保持平整，從表領車縫邊端0.5cm處。太靠近邊端不易車縫，往內側0.5cm處車縫即可。

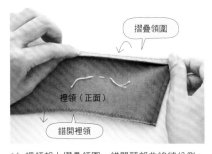

16 裡領朝上摺疊領圍，錯開頸部曲線縫份側，即為反摺時的鬆份。

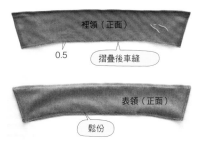

17 從摺疊的領圍邊端0.5cm處車縫。

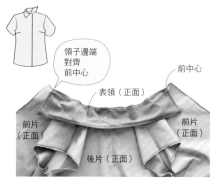

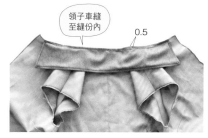

領子需要鬆份的理由

如圖所示，摺下領子時，外側（表領）和內側（裡領）的弧度，外側較長、內側較短。為了製作出漂亮的領子，表領朝內側錯開0.2至0.3cm製作出鬆份。如果沒有錯開直接車縫，表領會無法順利摺疊。

領子邊端對齊前中心

表領（正面）

前中心

前片（正面）

前片（正面）

後片（正面）

18 表領（無附記號的領片）朝上重疊身片正面，對齊前片前中心的合印記號。

領子車縫至縫份內

0.5

19 車縫邊端開始0.5cm處。

7 接縫貼邊

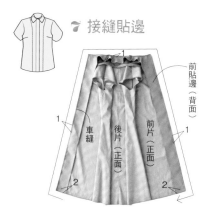

前貼邊（背面）

車縫

後片（正面）

前片（正面）

1

2

2

1

1

20 貼邊背面朝上，重疊至領片和身片上。依下襬→前端→領弧線→前端→下襬順序車縫。

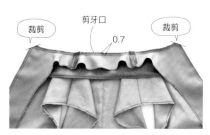

裁剪

剪牙口

0.7

裁剪

21 前端邊角預留0.2cm裁剪，領子縫份的曲線部分剪牙口。千萬不要剪到縫份。

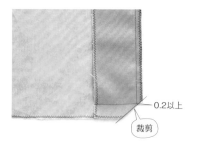

0.2以上

裁剪

22 裁剪下襬邊角縫份。貼邊翻至正面，熨燙整理。

前貼邊（正面）

0.5

前片（正面）

23 車縫貼邊邊端0.5cm處。領圍弧線容易產生皺褶，車縫前先疏縫固定會比較輕鬆。

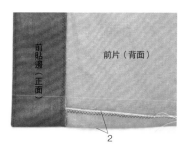

前貼邊（正面）

前片（背面）

2

24 摺疊下襬縫份。

8 車縫下襬

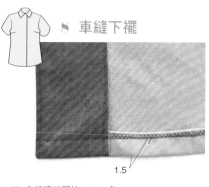

1.5

25 車縫邊端開始1.5cm處。

9 貼邊藏針縫

1至2條纖維

26 貼邊疏縫固定至身片上。手縫線打結，手縫針挑起1至2條纖維。

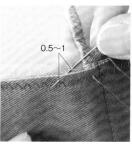

0.5～1

27 拉出縫線，縫針穿過貼邊後，再挑起身片1至2條纖維。

28 約0.5至1cm間隔，交互手縫貼邊和身片部分，固定貼邊。

10 製作袖子・接縫

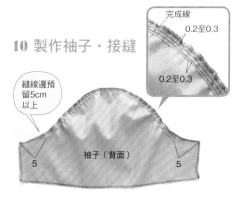

完成線

0.2至0.3

0.2至0.3

縫線邊預留5cm以上

袖子（背面）

5

5

29 車縫上線張力調節弱一點，縫線長度約0.3至0.4cm左右，從表面完成線上下各約0.2至0.3cm處車縫。始縫點和止縫點處的縫線預留5cm左右，不需要回針縫。

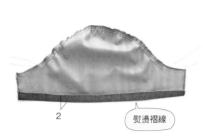

⟡ 袖山以粗針目車縫的理由 ⟡

粗針目車縫的袖子　　　沒有以粗針目車縫的袖子

很立體　　　　　　　平面

以粗針目車縫的袖子看起來比較立體，沒有處理的袖子則看起來很平面。人體也是立體的，所以立體的袖山穿起來會更舒適，這也是比起身片袖子的弧線，袖子的完成線比較長的原因。

2　熨燙褶線

30　袖子縫份摺疊至完成線，熨斗熨燙褶痕後翻回。在布端4cm處作上記號，摺疊時會更順手。

袖子（背面）　　車縫

31　恢復原本車縫線長度。袖子正面相對疊合，車縫袖下。燙開縫份。袖子翻至正面。

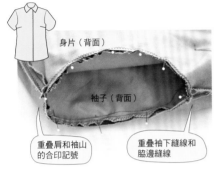

身片（背面）

袖子（背面）

重疊肩和袖山的合印記號　　　重疊袖下縫線和脇邊縫線

32　袖片置入身片內側正面相對疊合。對齊袖子縫線和身片脇邊，接下來對齊肩和袖山的合印記號以珠針固定，注意不要搞混前後袖片的縫製位置。

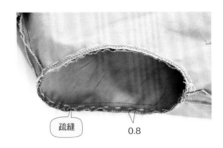

疏縫　　0.8

33　布端開始0.8cm處疏縫固定，拆下珠針。

車縫

1

34　車縫完成線，拆掉疏縫線和粗針目縫線。

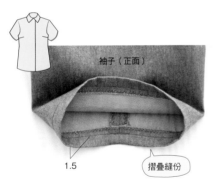

袖子（正面）

1.5　摺疊縫份

35　摺疊步驟30製作的袖子褶線，從邊端開始1.5cm處車縫。

36　袖子車縫完成。

11 手縫暗釦

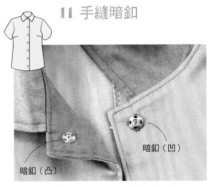

暗釦（凹）

暗釦（凸）

37　前片縫上暗釦，下側的為凹釦、上側為凸釦。

⟡ 暗釦車縫方法 ⟡

從洞孔穿出縫針

①放置暗釦於縫製位置處，打結後縫針穿出表面。從旁邊插入縫針再從洞孔拉出來。

縫線繞在縫針上

②身片抽出的縫線繞在縫針上。

拉縫線

③朝著箭頭方向抽拉。

往旁邊移動

④從旁邊入針並從洞孔拉出，繞上縫線。一個洞口約重複3次此步驟，再從旁邊洞口脇邊出針。

⑤重複①至④步驟直到所有洞口都縫上，從背面出針打結。表面不要看到縫線。

完成

偵探大衣　　作法 ⸱⸱ P.42

將基本款連身裙下襬變長，袖子也改為長袖款式。
以暗釦固定的斗篷可以拆下來的2way款式。
大衣最好選擇大1至2號的尺寸紙型，這樣穿起來會更加舒適。

SIDE　　　　　　　BACK

使用布料⋯格紋呢／OKADAYA新宿本店

材料

格紋呢 （大衣）寬140×長260cm
　　　 （斗篷）寬140×長100cm
黏著襯　90×130cm
直徑2cm包釦　6個
暗釦　中 3組

原寸紙型

A面1前片・2後片・3袖子・4領子・5前貼
邊・6後貼邊

完成尺寸（由左至右為S/M/L/LL）

身長　121cm
胸圍　90／94／100／106cm
腰圍　79.5／83.5／89.5／95.5cm

【裁布圖】

格紋呢

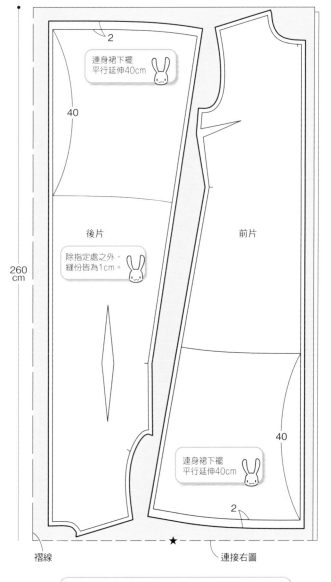

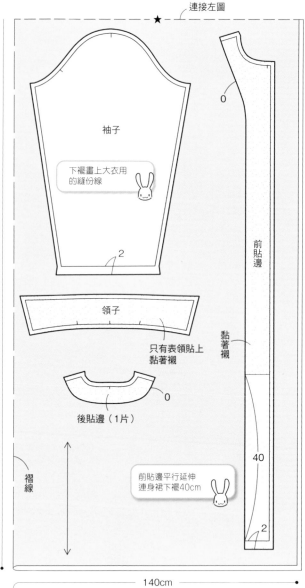

※數字為縫份寬度。除指定處之外，縫份皆為1cm。
※在　　　的背面貼上黏著襯後裁剪布料。
※參考P.33延伸長度方法。
※斗篷的裁剪方法請參考P.44。
※各部分裁剪下來後，縫份記得先進行Z字形車縫。

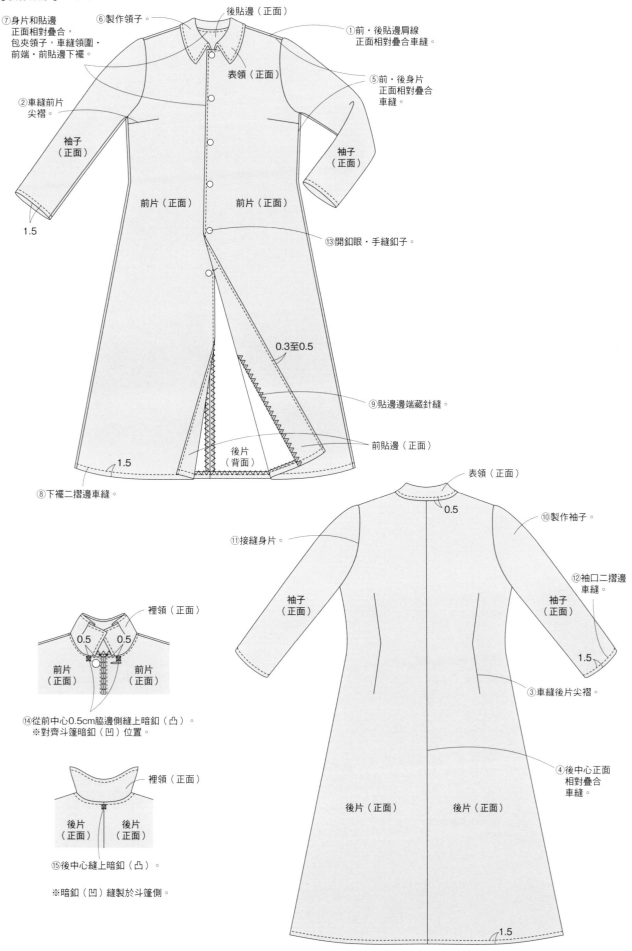

【製作順序】 ※參考P.36至P.39作法

⑦身片和貼邊
正面相對疊合，
包夾領子，車縫領圍·
前端·前貼邊下襬。

⑥製作領子。

後貼邊（正面）

①前·後貼邊肩線
正面相對疊合車縫。

表領（正面）

⑤前·後身片
正面相對疊合
車縫。

②車縫前片
尖褶。

袖子
（正面）

袖子
（正面）

1.5

⑬開釦眼·手縫釦子。

0.3至0.5

⑨貼邊邊端藏針縫。

前貼邊（正面）

前片（正面）　前片（正面）

後片
（背面）

1.5

⑧下襬二摺邊車縫。

裡領（正面）

0.5　0.5

前片
（正面）　前片
（正面）

⑭從前中心0.5cm脇邊側縫上暗釦（凸）。
　※對齊斗篷暗釦（凹）位置。

裡領（正面）

後片
（正面）　後片
（正面）

⑮後中心縫上暗釦（凸）。

※暗釦（凹）縫製於斗篷側。

表領（正面）

0.5

⑩製作袖子。

⑪接縫身片。

⑫袖口二摺邊
　車縫。

袖子
（正面）

袖子
（正面）

1.5

③車縫後片尖褶。

④後中心正面
相對疊合
車縫。

後片（正面）　後片（正面）

1.5

【斗篷的製圖】

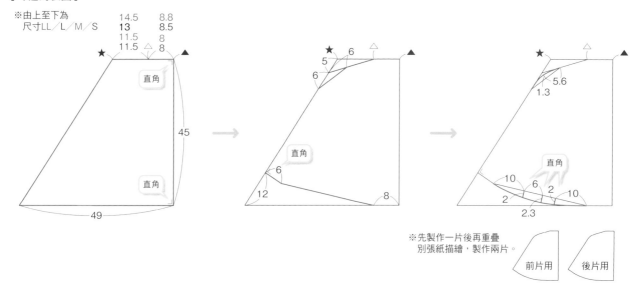

※由上至下為
尺寸LL／L／M／S

14.5	8.8
13	8.5
11.5	8
11.5	8

★ △ ▲

直角

45

直角

49

★ 6 △ ▲
5
6

直角

6

12

8

★ △ ▲
5.6
1.3

直角

10 6 2 10
2
2.3

※先製作一片後再重疊
別張紙描繪，製作兩片。

前片用　後片用

【領圍畫法】

前片

★ △ 直角 ▲
6 8
2.3

前端

後片

★ △ ▲ 2
2
直角

延伸2cm直線
修順弧線即可

後中心線

【貼邊作法】

在前片下側鋪上
8×45cm的紙張
8

描繪上
領圍裁剪

前片

45

對齊邊角

【裁布圖】

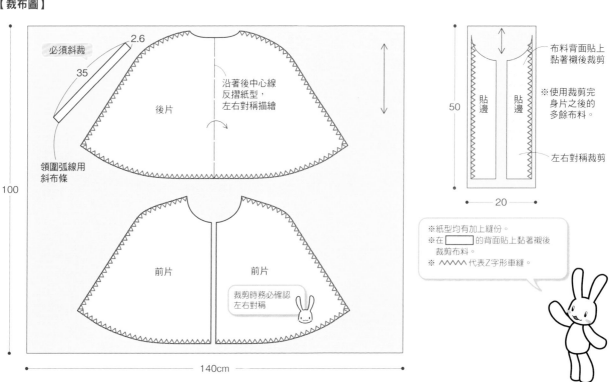

必須斜裁
2.6
35

領圍弧線用
斜布條

後片

沿著後中心線
反摺紙型，
左右對稱描繪

100

前片　前片

裁剪時務必確認
左右對稱

140cm

布料背面貼上
黏著襯後裁剪

※使用裁剪完
身片之後的
多餘布料。

貼邊　貼邊

50

左右對稱裁剪

20

※紙型均有加上縫份。
※在 ☐ 的背面貼上黏著襯後
裁剪布料。
※ ∧∧∧∧ 代表Z字形車縫。

【斗篷的製作方法】

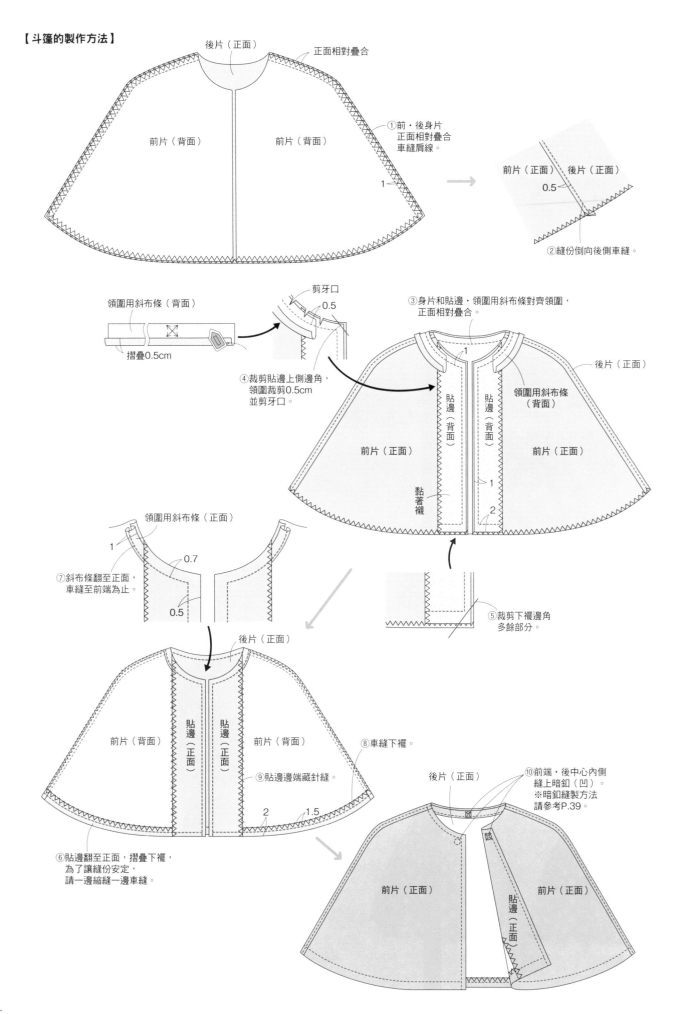

後片（正面）

正面相對疊合

前片（背面）　前片（背面）

①前·後身片
正面相對疊合
車縫肩線。

前片（正面）　後片（正面）

0.5

②縫份倒向後側車縫。

領圍用斜布條（背面）

摺疊0.5cm

剪牙口

0.5

④裁剪貼邊上側邊角，
領圍裁剪0.5cm
並剪牙口。

③身片和貼邊·領圍用斜布條對齊領圍，
正面相對疊合。

1

後片（正面）

領圍用斜布條
（背面）

貼邊（背面）　貼邊（背面）

前片（正面）　前片（正面）

黏著襯

1

2

⑤裁剪下襬邊角
多餘部分。

領圍用斜布條（正面）

1

0.7

0.5

⑦斜布條翻至正面，
車縫至前端為止。

後片（正面）

前片（背面）

貼邊（正面）　貼邊（正面）

前片（背面）

⑧車縫下襬。

⑨貼邊邊端藏針縫。

2　1.5

⑥貼邊翻至正面，摺疊下襬，
為了讓縫份安定，
請一邊縮縫一邊車縫。

後片（正面）

前片（正面）

貼邊（正面）

前片（正面）

⑩前端·後中心內側
縫上暗釦（凹）。
※暗釦縫製方法
請參考P.39。

荷葉圓裙　作法 ⚜ P.49

內搭上襯裙的荷葉邊圓裙，更顯飄逸可愛。
脇邊車縫上表面看不出來的隱形拉鍊。
這是最簡單車縫拉鍊的方法，也可以應用在連身裙款式上。

SIDE　　　　　BACK

使用布料…梨面布／IWAKI商店

使用直條紋布料實驗

裁剪布料時改變全圓（360°）和半圓（180°）紙型放置位置，條紋圖案也會改變喔！可搭配自己想要的紋路改變放置的位置。

A　B　C

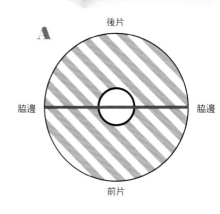

A
後片
脇邊　脇邊
前片

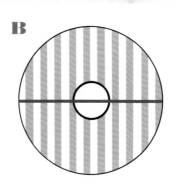

B

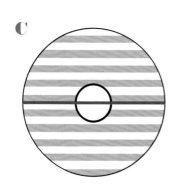

C

全圓荷葉裙

作法 ⭑ P.49

從腰部呈傘狀散開的圓裙（荷葉圓裙）。如果使用直條紋或橫條紋製作，請注意紙型的擺設。依據紙型不同方向的擺置，圖案也會有很大的差異。圓形設計不適合全部直條紋的設計款式。

A　B

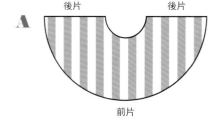

A
後片　後片
前片

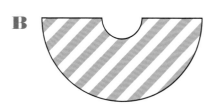

B

半圓形荷葉圓裙

作法 ⭑ P.50

比起全圓荷葉裙只需要一半的分量，從正面看過來布料紋路大多呈現直條紋，但是後中心呈現45°的條紋狀。如果不太喜歡這樣的效果，可以前後裙片分開製作90°條紋的款式。

使用布料…大塚屋

荷葉圓裙

蓬鬆度的變化

作法 ⟶ P.50

裡面都搭有襯裙喔！
比起紙型，裙子款式更容易受
到襯裙形狀的影響。依據布料
的角度與縐褶的差異會影響蓬
鬆度。請選擇自己喜歡的蓬鬆
度吧！

●半圓裙●	●3/4圓裙●	●全圓裙●
180°	270°	360°

【裁布圖】

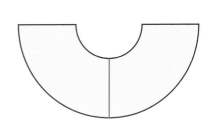 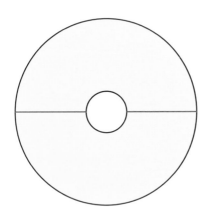

只要裙子長度夠短，就算裁剪兩片
180°布料車縫脇邊的設計，也只需
要一片就OK。

270°比180°的分量更多，縐褶量也
增加。

縐褶量非常多的荷葉圓裙。

如果是漫畫或卡通
角色的服裝，這分
量就可以囉！

縐褶量增加，可以想
想能突顯飄逸感的拍
照姿勢喔！

坐下時可以充分展
現美麗蓬鬆的下
襬。

荷葉圓裙　作品圖片 ✂ P.46・P.47

材料（從左至右為全圓／半圓／3/4圓）
Amunzen　寬112×長260／150／235cm
黏著襯　90cm幅×10cm
22cm隱形拉鍊　1條
鉤釦　1組

完成尺寸（不含腰帶）
腰圍　68cm
裙長　50cm

全圓裙（360°）

【 製作紙型的方法 】

1 測量腰圍和裙長

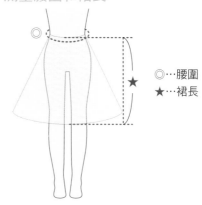

◎…腰圍
★…裙長

請使用電子計算機來微調尺寸。覺得困難的讀者可以參考右邊表格的腰圍尺寸。

2 計算適合自己長度的尺寸

$$a=（◎+4cm）÷3.14÷2-1$$

腰圍尺寸　　鬆份

$$b=★+3cm$$

想製作的長度　　縫份

可以製作加上縫份的紙型

a的尺寸對照表

◎（完成尺寸）	a
58（62）	8.9
60（64）	9.2
62（66）	9.5
64（68）	9.8
66（70）	10.1
68（72）	10.5
70（74）	10.8
72（76）	11.1
74（78）	11.4
76（80）	11.7
78（82）	12.1
80（84）	12.4

3 製作紙型

1cm

從下面伸出暗釦的凸孔

1cm

紙張

a　b
開洞孔

1 裁剪長方形的紙張，中心處畫直線。間隔出步驟2所計算出來的a・b長度，依直線處開3個洞孔。當作紙圓規來使用。

2 測量紙張邊端1cm處，垂直各畫上直線。交叉處開洞孔，從下面伸出暗釦的凸孔。凸孔處即為a的邊端。

3 將鉛筆尖端插在洞孔處，就像在使用圓規般畫上圓弧度。

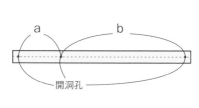

加上縫份 1cm

前・後中心

紙張

4 上側加上縫份後裁剪。

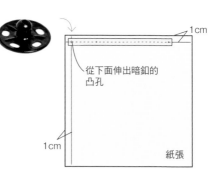

前・後裙片

前・後中心

5 對齊前・後中心線左右對稱，這樣加上縫份的全圓裙紙型就完成了。只需要兩片紙型就可以製作全圓裙款式。

腰帶紙型

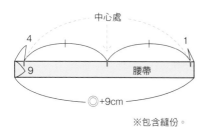

中心處

4　　1
9　　腰帶

◎+9cm

※包含縫份。

腰帶，裁剪長度◎+9cm，寬度9cm的長方形。
參照此圖，製作合印記號。

半圓裙（180°）・3/4裙（270°）

半圓裙（180°）

$$a=（◎+4cm）×2÷3.14÷2$$

腰圍尺寸　　鬆份

$$b=★+3cm$$

想製作的長度　　縫份

3/4裙（270°）

$$a=（◎+4cm）×1.33÷3.14÷2$$

腰圍尺寸　　鬆份

$$b=★+3cm$$

想製作的長度　　縫份

a的尺寸對照表

◎（完成尺寸）	180°（a）	270°（a）
58（62）	19.7	13.1
60（64）	20.4	13.6
62（66）	21	14
64（68）	21.7	14.4
66（70）	22.3	14.8
68（72）	22.9	15.2
70（74）	23.6	15.7
72（76）	24.2	16.1
74（78）	24.8	16.5
76（80）	25.5	16.9
78（82）	26.1	17.4
80（84）	26.8	17.8

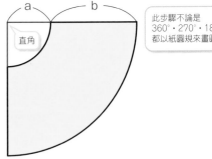

直角　a　b

> 此步驟不論是360°・270°・180°都以紙圓規來畫圓喔！

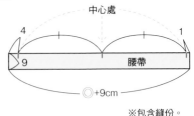

中心處
4　1
9　腰帶
◎+9

> 此步驟不論是360°・270°・180°都以紙圓規來畫圓喔！

※包含縫份。

半圓（180°）裙子紙型和裁布方法

【紙型】

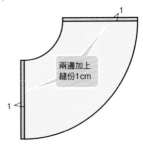

1
兩邊加上縫份1cm
1

參考全圓裙的紙型製作90°的紙型，兩邊加上縫份。

【裁布方法】

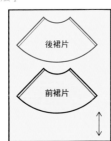

後裙片
前裙片

前後裙片各裁剪一片。兩片90°前後裙片，就是半圓（180°）裙子。毛料或有上下區分的圖案布料，請注意毛流或紋路方向必須一致。紙型的擺設會影響圖案的呈現，請多加注意。

前・後裙片

脇邊不需要縫份

脇邊不需要縫份，也可以連接兩片紙型製作。這樣的話只需要裁剪一片，車縫一邊的脇邊即可。

3/4裙（270°）裙子紙型和裁布方法

【紙型】

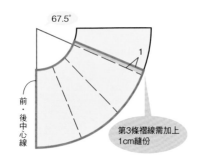

1次　2次

摺疊兩次

1 參考全圓裙的紙型製作90°的紙型，摺疊兩次（四等分）。

67.5°
1
前・後中心線
第3條褶線需加上1cm縫份

2 第3條褶線需加上1cm縫份。前・後中心線左右對稱。

【裁布方法】

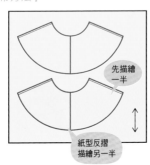

先描繪一半
紙型反摺描繪另一半

將前・後中心線左右對稱的紙型放置布料上裁剪。

【製作順序】

1 Z字形車縫

5 接縫腰帶

7 手縫鉤釦

3 接縫拉鍊

1 車縫右脇邊

2 車縫左脇

6 車縫下襬

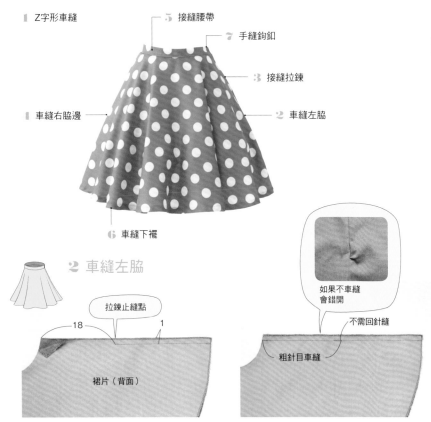

1 Z字形車縫

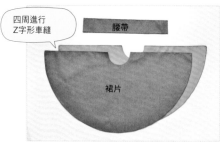

四周進行
Z字形車縫

腰帶

裙片

1 裁剪後的前後片，腰帶邊端進行Z字形車縫。如果趕時間，裙片上端不需Z字形車縫。

2 車縫左脇

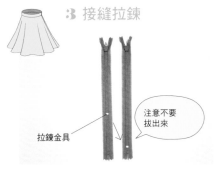

拉鍊止縫點

18 　1

裙片（背面）

2 前後裙片正面相對疊合，從上端至18cm處開始車縫至下襬。18cm處請畫上拉鍊止縫點記號。

如果不車縫
會錯開

不需回針縫

粗針目車縫

3 從上端開始至拉鍊止縫點以粗針目車縫，最後需拆線所以不必回針縫。

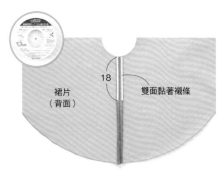

裙片（背面）

燙開縫份

4 以熨斗燙開縫份。

3 接縫拉鍊

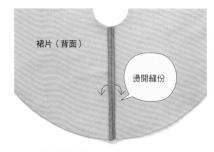

注意不要
拔出來

拉鍊金具

5 將拉鍊的金具往下移。但注意不要太下面以免滑落。

18

裙片
（背面）

雙面黏著襯條

6 至拉鍊止縫點為止，縫份處貼上雙面黏著襯條。

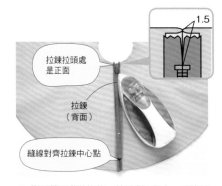

1.5

拉鍊拉頭處
是正面

拉鍊
（背面）

縫線對齊拉鍊中心點

7 撕開雙面黏著襯條，拉鏈背面朝上，脇邊縫線對齊拉鍊中心疊合。以熨斗熨燙固定。熨斗請設定為低溫。

也可以疏縫暫時固定

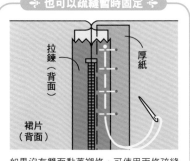

拉鍊
（背面）

厚紙

裙片
（背面）

如果沒有雙面黏著襯條，可使用兩條疏縫線固定在縫份上。縫份和表布中間包夾厚紙板，就可以只固定在縫份上。

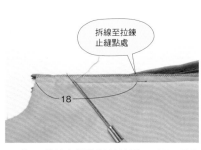

拆線至拉鍊
止縫點處

18

8 將3至拉鍊止縫點的縫線拆掉。以錐子就能輕鬆完成。

拉鍊止縫點

拉鍊拉至
止縫點下側

9 拉鍊拉至止縫點下側，拉鍊拉頭把手放於內側拉至下側。

雙面黏著襯條…Clover

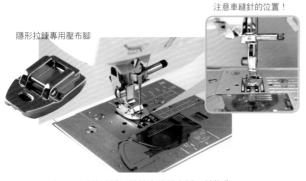

隱形拉鍊專用壓布腳

注意車縫針的位置！

拉鍊齒對準壓布腳的溝槽後放置車縫。

裙片（背面）
拉鍊（背面）
裙片（正面）

10 壓布腳請換成隱形拉鍊專用壓布腳，並恢復原本縫線長度。依據縫紉機的不同，如果依圖片中標準設定來車縫，有的機種的車縫針有可能會撞到壓布腳而斷裂，車縫前請上下移動車縫針確認。

11 拉鍊齒對準壓布腳的溝槽後放置車縫，車縫左邊時放置進左邊的溝槽。將拉鍊齒翻起就可以車到邊緣。

0.1至0.2

如果車縫太靠近止縫點，拉鍊頭會無法拉出來。

車縫右邊拉鍊時放置進右邊的溝槽。

12 車縫至止縫點前0.1至0.2cm處為止。如果太靠近止縫點，拉鍊頭會無法拉出來。

13 車縫右邊拉鍊時放置進右邊的溝槽。一樣車縫至止縫點前0.1至0.2cm處為止。

4 車縫右脇邊

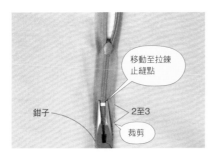

移動至拉鍊止縫點
鉗子
2至3
裁剪

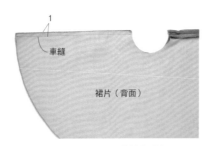

1
車縫
裙片（背面）

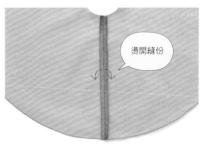

燙開縫份

14 將拉鍊拉至止縫點上側。以鉗子將拉鍊的金具往上移至拉鍊止縫點，拉鍊長度從拉鍊止縫點2至3cm處裁剪掉。

15 前後裙片正面相對疊合，車縫右脇邊。

16 以熨斗燙開縫份。

5 接縫腰帶

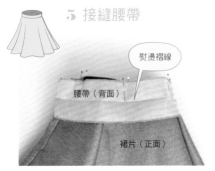

熨燙褶線
腰帶（背面）
裙片（正面）

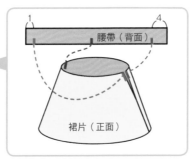

1
4
腰帶（背面）
裙片（正面）

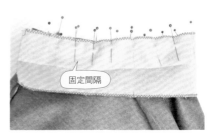

固定間隔

17 腰帶對摺作出褶線，裙片和腰帶正面相對疊合。

不用對齊腰帶邊端，而是脇邊和合印記號正面相對疊合。

18 以珠針仔細固定間隔。

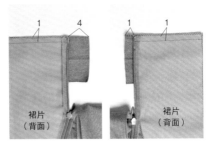

19 車縫縫份1cm。

縫份如果不平整請剪牙口。

0.7至0.8

裙片（背面）

20 縫份剪牙口，但如果是伸縮性布料可不剪牙口。

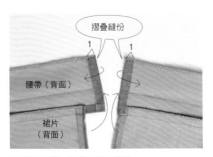

摺疊縫份

腰帶（背面）

裙片（背面）

21 翻起腰帶，腰帶兩端各摺疊1cm。

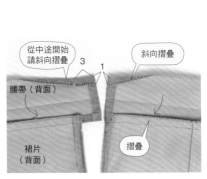

從中途開始請斜向摺疊

斜向摺疊

腰帶（背面）

裙片（背面）

摺疊

22 如圖片所示，腰帶兩端上側縫份往內摺疊。沿著腰帶縫線摺疊。

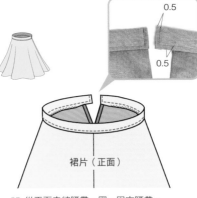

0.5

0.5

裙片（正面）

23 從正面車縫腰帶一圈，固定腰帶。

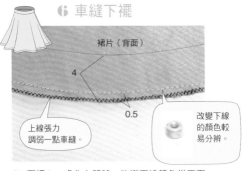

6 車縫下襬

裙片（背面）

4

0.5

上線張力調弱一點車縫。

改變下線的顏色較易分辨。

24 下襬4cm處作上記號。改變下線顏色從正面以粗針目車縫。（參考P.26製作細褶的方法）

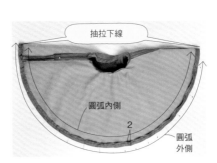

抽拉下線

圓弧內側

2

圓弧外側

25 內外圓周長不同，會造成下襬布端的不平整。一邊抽拉下線縮縫，布端對齊4cm記號處，以熨斗熨燙整理。

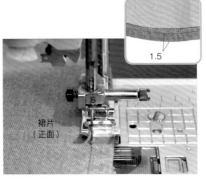

1.5

裙片（正面）

26 下線恢復原來顏色。如果背面車縫，壓布腳會弄亂縮縫處，記得從表面1.5cm處車縫。

7 手縫鉤釦

試穿之後決定縫製位置

27 試穿之後決定鉤釦縫製位置。

縫製方法和暗釦相同

28 持出份（重疊份）表面縫製I型鉤釦。鉤釦縫製方法參考P.39暗釦縫製方法。

裙片（背面）

29 另一側的背面縫製鉤釦。

30 完成。

細褶裙　作法 -✦ P.56

製作裙子時，通常會搭配布紋裁剪，
但如果是布端有刺繡圖案的布料，也會改變方向使用。
刺繡布料不需要處理下襬，簡單就能製作出可愛的裙款。

SIDE　　　　　　　BACK

使用布料…棉質刺繡布／Shugale

使用直條紋布料實驗

有些人覺得細褶裙給人感覺太過簡單、或有點敷衍的感覺，其實在設計上加點巧思，成品看起來也會大不相同喔！
依照設計的不同，也有分成適合布紋的圖案、或適合的毛流等區別，所以在製作時先想想重點是在布料的圖案、還是本身輪廓上，再來挑選布料會比較順利。

細褶裙　作法 - ✂ P.56

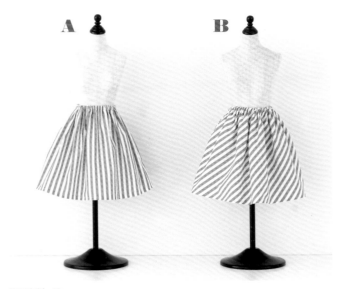

使用布料…Yuzawaya

A
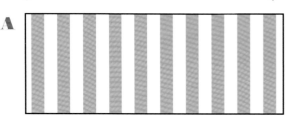

B

使用四角形布料製作，所以裁剪後圖案也會相同。只是依照抽拉細褶的分量不同，腰圍處的圖案可能會稍稍變形。

四方形細褶裙和荷葉細褶裙

C
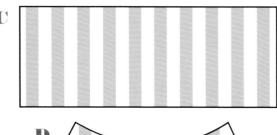

D
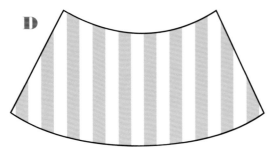

●C的脇邊●

●優點
依照裁剪時的圖案，成品也會相同。脇邊線和條紋呈平行方向不會感到突兀。直線的下襬，不論是加入褶襴、織帶或蕾絲都沒有問題。
●缺點
因為分量多，布料都堆積在腰圍上。

使用布料…OKADAYA新宿本店

●D的脇邊●

●優點
最低限度的鬆份讓腰圍看起來很清爽。
●缺點
斜向脇邊設計，脇邊線和條紋沒有平行方向。圓弧的下襬，在車縫褶襴時會比較困難。直條紋和波浪狀的布料比較不適合這種款式。

細褶裙

材料
棉質波浪狀下襬布　寬58×長199cm
寬1cm鬆緊帶　140cm（配合腰圍調節）

完成尺寸
裙長　54cm

【裁布圖】

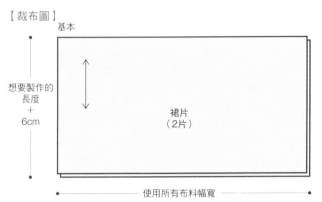

基本

想要製作的
長度
+
6cm

裙片
（2片）

使用所有布料幅寬

※皆含縫份。

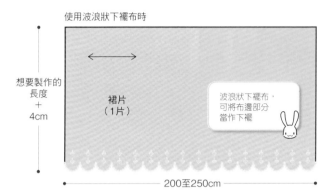

使用波浪狀下襬布時

想要製作的
長度
+
4cm

裙片
（1片）

波浪狀下襬布，
可將布邊部分
當作下襬

200至250cm

如果是丹寧布這種厚重的
布料，布料都堆積在腰圍
上會太過厚重，請留意。

作品尺寸

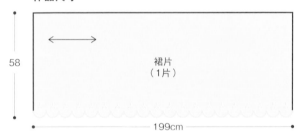

58

裙片
（1片）

199cm

【製作順序】

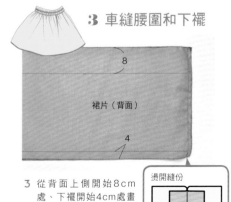

1 Z字形車縫

1 穿過鬆緊帶

3 車縫腰圍
和下襬

2 車縫脇邊

1 Z字形車縫

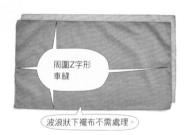

周圍Z字形
車縫

波浪狀下襬布不需處理。

1 裁剪後，所有布片進行Z字形車縫。
　（波浪狀下襬布）不需處理下襬。

2 車縫脇邊

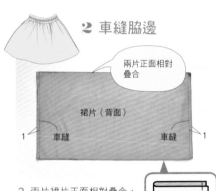

兩片正面相對
疊合

裙片（背面）

1　車縫　　　　車縫　1

褶線

波浪狀下襬布

2 兩片裙片正面相對疊合，
　車縫脇邊。
　（波浪狀下襬布）正面相
　對對摺，成筒狀車縫脇
　邊。

3 車縫腰圍和下襬

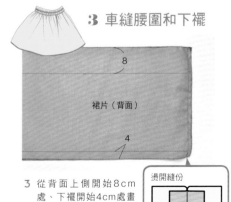

8

裙片（背面）

4

燙開縫份

3 從背面上側開始8cm
　處、下襬開始4cm處畫
　上記號。燙開縫份。

對齊布邊
記號

4 上下布邊各自對齊記號，以熨斗熨燙對摺。

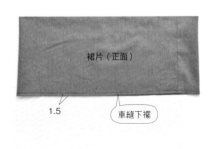

裙片（正面）

1.5

車縫下襬

5 車縫下襬。褶線開始的1.5cm處車縫一圈。
　（波浪狀下襬布）不需要3・4下襬的步驟，
　步驟5也不需要。

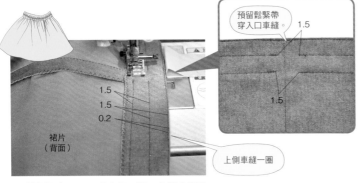

✂ 車縫長距離直線時 ✂

預留鬆緊帶穿入口車縫。 1.5

1.5
1.5
0.2

裙片
（背面）

上側車縫一圈

縫針位置和縫份寬度處，貼上摺好的紙製作直線導引線，這樣車縫直線更方便。

6 腰圍下方0.2cm處車縫一圈，車縫處往下1.5cm，預留鬆緊帶穿入口後各車縫兩條線。

４ 穿過鬆緊帶

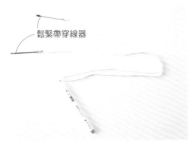

鬆緊帶穿線器

7 裁剪腰圍兩倍長度的鬆緊帶，兩端穿過穿線器，鬆緊帶中心處作上記號。

✂ 使用安全別針代替也OK ✂

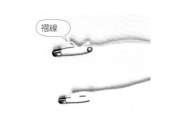

褶線

使用安全別針代替也可以。摺疊邊端後再穿上別針，這樣比較不會損傷布料。

✂ 兩端使用穿線器的理由 ✂

細繩兩端穿過穿線器，上下段可同時穿過鬆緊帶。也可預防邊端不小心跑進去。如果各自穿入鬆緊帶，再穿入第二條時會因為細褶堆積而難以穿入。

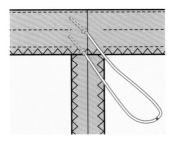

同時穿過兩條鬆緊帶

8 上下段同時使用穿線器，穿過鬆緊帶。

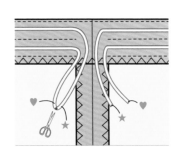

9 穿線器穿出穿入口後，裁剪鬆緊帶中心記號，接縫另一側鬆緊帶。

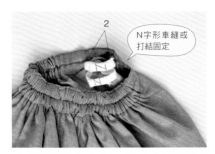

2

N字形車縫或打結固定

10 鬆緊帶的伸縮性不同，先試穿決定鬆緊帶長度和調節鬆緊度。確定好長度之後，以N字形車縫或打結固定。

11 均等分配細褶，完成。

✂ 應用 ✂

細褶裙可在下襬車縫上蕾絲、緞帶或荷葉邊等，看起來會更加可愛。

忍者服

作法 → 頭巾・手套・腳絆…P.62
甚平…P.65／袴…P.60

不論哪一個部分，都不需要紙型，可直接在布料上描繪製作。
為了方便初學者製作，前後袴摺疊方向也相同。
頭巾從後面拉出來覆蓋可拉出馬尾。

SIDE

使用布料…聚酯纖維／大塚屋

袴 作品圖片 - ✂ P.58

材料
聚酯纖維　寬148×長200cm
褶襉固定液　適量

完成尺寸
褲長　99cm

【忍者袴裁布圖】

① 各裁剪兩片前後褲管，前後腰帶細繩各裁剪1條。

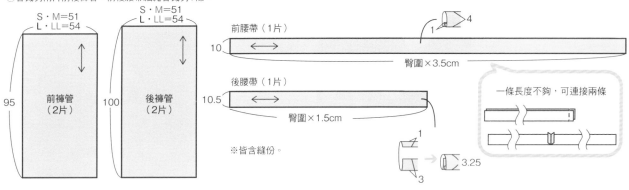

S·M=51
L·LL=54

S·M=51
L·LL=54

95　前褲管（2片）

100　後褲管（2片）

前腰帶（1片）

10

臀圍×3.5cm

後腰帶（1片）

10.5

臀圍×1.5cm

※皆含縫份。

一條長度不夠，可連接兩條

1　4

1
3　→ 3.25

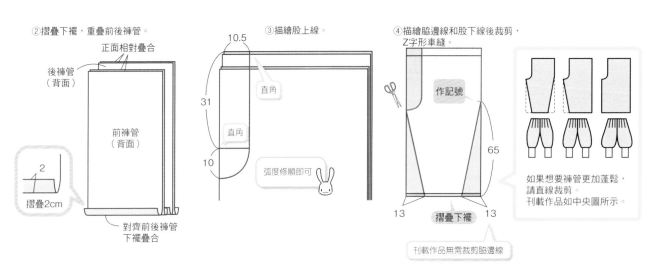

② 摺疊下襬，重疊前後褲管。

正面相對疊合

後褲管（背面）

前褲管（背面）

2
摺疊2cm

對齊前後褲管下襬疊合

③ 描繪股上線。

10.5

直角

31

直角

10

弧度修順即可

④ 描繪脇邊線和股下線後裁剪，Z字形車縫。

作記號

65

13　摺疊下襬　13

如果想要褲管更加蓬鬆，請直線裁剪。
刊載作品如中央圖所示。

刊載作品無需裁剪脇邊線

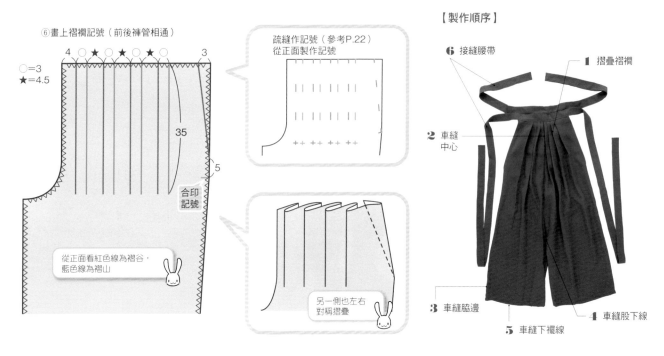

⑥ 畫上褶襉記號（前後褲管相通）

4　○★○★○★○　3

○=3
★=4.5

35

5

合印記號

從正面看紅色線為褶谷，藍色線為褶山

疏縫作記號（參考P.22）
從正面製作記號

另一側也左右對稱摺疊

【製作順序】

6　接縫腰帶

1　摺疊褶襉

2　車縫中心

3　車縫脇邊

4　車縫股下線

5　車縫下襬線

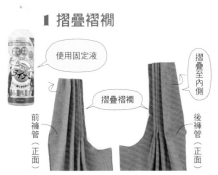

1 摺疊褶襇

使用固定液

摺疊至內側

摺疊褶襇

前褲管（正面）

後褲管（正面）

1 從正面看起來，前後褲管褶襇往中心側摺疊。斜向邊端往內側摺疊。使用固定液可讓褶線更加持久。

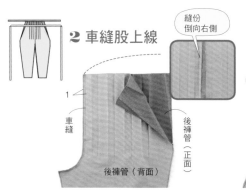

2 車縫股上線

縫份倒向右側

1

車縫

後褲管（正面）

後褲管（背面）

2 為了不要車縫到褶襇，先將褶襇展開，兩片後褲管正面相對疊合，車縫股上縫份1cm。縫份倒向右側。

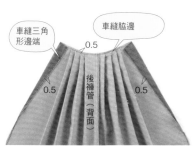

車縫三角形邊端

車縫脇邊

0.5

0.5   0.5

後褲管（背面）

3 車縫摺疊後斜向邊端0.5cm處。摺疊褶襇，為避免破壞褶襇，請於上側0.5cm處車縫。以同樣方法車縫前褲管。

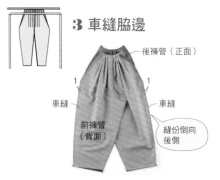

3 車縫脇邊

後褲管（正面）

1   1

車縫   車縫

前褲管（背面）

縫份倒向後側

4 前後褲管正面相對疊合，車縫脇邊縫份1cm處。縫份倒向後側。

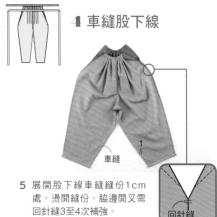

4 車縫股下線

1

車縫

回針縫

5 展開股下線車縫縫份1cm處。燙開縫份。脇邊開叉需回針縫3至4次補強。

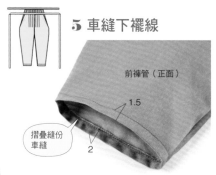

5 車縫下襬線

前褲管（正面）

1.5

摺疊縫份車縫

2

6 下襬往內側摺疊2cm，邊端1.5cm處車縫。

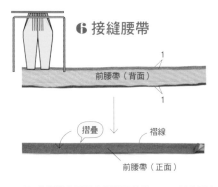

6 接縫腰帶

1

前腰帶（背面）

1

摺疊

褶線

前腰帶（正面）

7 前腰帶上下往內側摺疊縫份1cm。然後再次對摺。

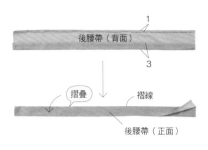

1

後腰帶（背面）

3

摺疊

褶線

後腰帶（正面）

8 後腰帶上側往內側摺疊縫份1cm，下側摺疊縫份3cm。再次對摺。

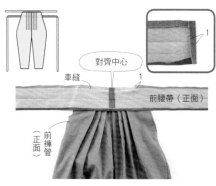

對齊中心

1

車縫   1

前腰帶（正面）

前褲管（正面）

9 前褲管上側的前腰帶（較長的一條）正面相對疊合，縫份車縫1cm。兩端往內側摺疊1cm。

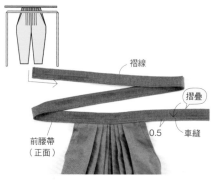

褶線

摺疊

前腰帶（正面）

0.5   車縫

10 前腰帶沿著褶線對摺，包夾前褲管上側縫份，車縫邊端0.5cm處。

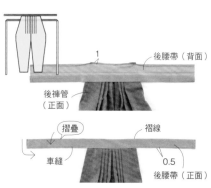

1   後腰帶（背面）

後褲管（正面）

摺疊   褶線

車縫   0.5

後腰帶（正面）

11 後腰帶同前腰帶車縫方法，兩端內摺，對摺後車縫。

完成

固定液…KAWAGUCHI

61

忍者小物（手套・腳絆・頭巾） 作法 - ⚞ P.58

材料（3件份）
聚酯纖維　寬100×長200cm
黑色鬆緊帶　20cm

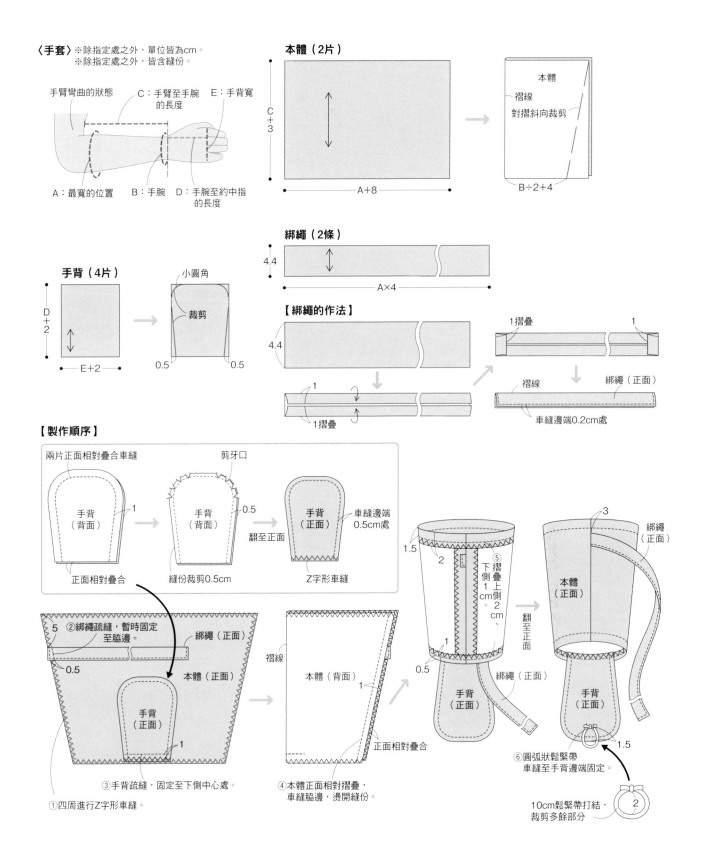

〈**手套**〉※除指定處之外，單位皆為cm。
　　　　※除指定處之外，皆含縫份。

手臂彎曲的狀態　C：手臂至手腕　E：手背寬
　　　　　　　　　的長度

A：最寬的位置　B：手腕　D：手腕至約中指
　　　　　　　　　　　　　的長度

本體（2片）

C+3

A+8

本體
褶線
對摺斜向裁剪

B÷2+4

手背（4片）

D+2

E+2

小圓角
裁剪
0.5　0.5

綁繩（2條）

4.4

A×4

【綁繩的作法】

4.4

1摺疊

1摺疊

1摺疊

1

1

褶線　綁繩（正面）

車縫邊端0.2cm處

【製作順序】

兩片正面相對疊合車縫　剪牙口

手背（背面）　1

手背（背面）　0.5

手背（正面）　車縫邊端0.5cm處

正面相對疊合　縫份裁剪0.5cm　翻至正面　Z字形車縫

⑤綁繩疏縫，暫時固定至脇邊。

5　0.5　綁繩（正面）

手背（正面）　1

本體（正面）

①四周進行Z字形車縫。

③手背疏縫，固定至下側中心處。

本體（背面）

褶線　1

正面相對疊合

④本體正面相對摺疊，
車縫脇邊，燙開縫份。

1.5　2　⑤下摺疊上側1cm、下側2cm、

0.5　1

手背（正面）

綁繩（正面）

翻至正面

3　綁繩（正面）

本體（正面）

手背（正面）

1.5

⑥圓弧狀鬆緊帶
車縫至手背邊端固定。

10cm鬆緊帶打結，
裁剪多餘部分

2

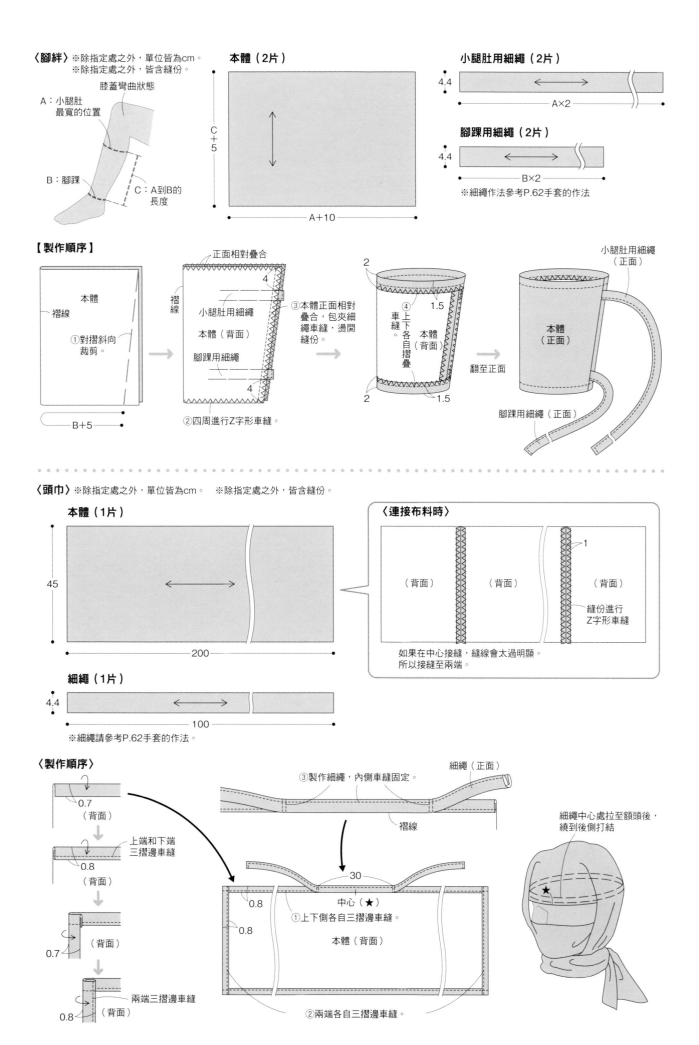

〈腳絆〉※除指定處之外，單位皆為cm。
　　　　※除指定處之外，皆含縫份。

膝蓋彎曲狀態

A：小腿肚最寬的位置

B：腳踝

C：A到B的長度

本體（2片）

C+5

A+10

小腿肚用細繩（2片）

4.4

A×2

腳踝用細繩（2片）

4.4

B×2

※細繩作法參考P.62手套的作法

【製作順序】

正面相對疊合

本體
褶線

①對摺斜向裁剪。

B+5

4

小腿肚用細繩

本體（背面）

腳踝用細繩

褶線

4

②四周進行Z字形車縫。

③本體正面相對疊合，包夾細繩車縫，燙開縫份。

2

④上下各自摺疊車縫。

1.5

本體（背面）

2

1.5

翻至正面

小腿肚用細繩（正面）

本體（正面）

腳踝用細繩（正面）

〈頭巾〉※除指定處之外，單位皆為cm。　　※除指定處之外，皆含縫份。

本體（1片）

45

200

細繩（1片）

4.4

100

※細繩請參考P.62手套的作法。

〈連接布料時〉

（背面）　　（背面）　　（背面）

1

縫份進行Z字形車縫

如果在中心接縫，縫線會太過明顯。所以接縫至兩端。

〈製作順序〉

0.7
（背面）

上端和下端三摺邊車縫

0.8
（背面）

0.7
（背面）

兩端三摺邊車縫

0.8
（背面）

③製作細繩，內側車縫固定。

細繩（正面）

褶線

30

0.8

中心（★）

①上下側各自三摺邊車縫。

0.8

本體（背面）

②兩端各自三摺邊車縫。

細繩中心處拉至額頭後，繞到後側打結

★

頭巾的戴法

1 附細繩的一端貼合額頭，繞至後側打結固定。

2 布料翻至後側，整理形狀。

3 右側布料反摺，遮住口和鼻。（如果無法遮住就必須通過下巴）

4 左側的布料穿過下巴，兩端繞至後側。

5 牢固的綁在後頸處。鼻子部分容易脫落請注意。

腳絆的穿法

褲管下襬放置腳套內側

寬的部分在上側

1 寬的部分在上側。戴上腳套後穿上襪子，將腳絆拉至襪子外側。

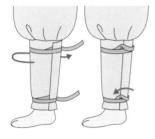

2 上下側細繩各自綁在腳上固定。

3 將細繩邊端塞進捲繞的細繩內側。

手套的穿法

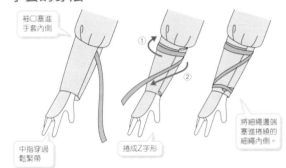

袖口塞進手套內側

中指穿過鬆緊帶

捲成Z字形

將細繩邊端塞進捲繞的細繩內側。

1 中指穿過鬆緊帶中間。

2 細繩由上至下捲成z字形。

3 將細繩纏繞在手腕上，邊端塞進捲繞的細繩內側。

袴的穿法

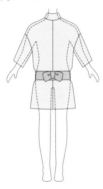

1 準備同色系的細繩。男生需將細繩綁至骨盆位置處，才更顯帥氣。

2 將前片拉至腰帶位置。

腰帶上側

3 前側細繩繞至後側，交叉拉緊至腰帶上側。

4 前細繩繞回前側，再一次交叉。

腰帶下側

5 前側細繩繞至後側，交叉拉緊至腰帶下側。

6 拉起後片，像掛在腰帶上股，後側細繩繞至前側。

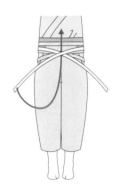

7 後細繩交叉，交叉後的細繩穿過細繩的最下側穿出來（後細繩打結一次的狀態）。

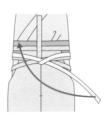

8 將後細繩繞至箭頭方向。

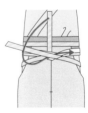

9 依照上方穿出的細繩方向穿過（後細繩打結兩次的狀態）。

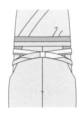

10 緊緊拉住，後細繩包夾至脇邊側的前細繩內。步驟7至10雖然有點複雜，但目的只是要牢牢固定住而已。

甚平　作法 · ✂ P.58

材料
聚酯纖維　寬148×長210cm

完成尺寸
衣長　78.5cm

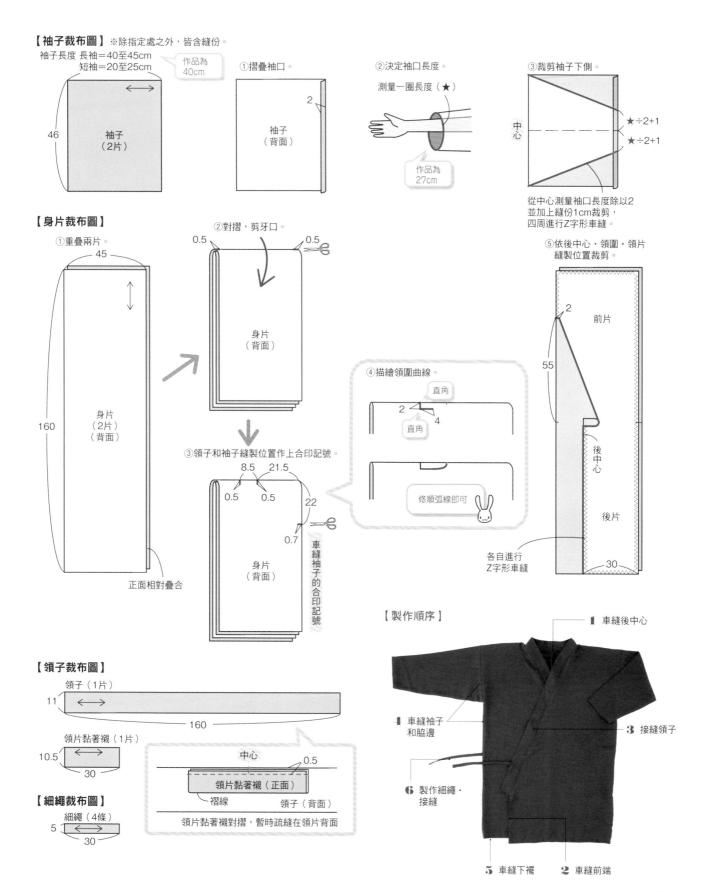

【袖子裁布圖】※除指定處之外，皆含縫份。

袖子長度　長袖＝40至45cm
　　　　　短袖＝20至25cm

作品為40cm

①摺疊袖口。
　　　　　　2
袖子（背面）

②決定袖口長度。
測量一圈長度（★）
作品為27cm

③裁剪袖子下側。
中心
★÷2+1
★÷2+1

從中心測量袖口長度除以2
並加上縫份1cm裁剪，
四周進行Z字形車縫。

【身片裁布圖】

①重疊兩片。
45
160
身片（2片）（背面）
正面相對疊合

②對摺，剪牙口。
0.5　　　0.5
身片（背面）

③領子和袖子縫製位置作上合印記號。
8.5　21.5
0.5　0.5　22
0.7
身片（背面）
車縫袖子的合印記號

④描繪領圍曲線。
直角
2
4
直角
修順弧線即可

⑤依後中心・領圍・領片
縫製位置裁剪。
2
前片
55
後中心
後片
各自進行
Z字形車縫
30

【領子裁布圖】

領子（1片）
11
160

領片黏著襯（1片）
10.5
30

中心
0.5
領片黏著襯（正面）
摺線
領子（背面）
領片黏著襯對摺，暫時疏縫在領片背面

【細繩裁布圖】

細繩（4條）
5
30

【製作順序】

1 車縫後中心
1 車縫袖子和脇邊
3 接縫領子
6 製作細繩・接縫
5 車縫下襬
2 車縫前端

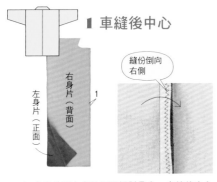

1 車縫後中心

縫份倒向右側

左身片（正面）
右身片（背面）
1

1 右身片和左身片正面相對疊合，車縫後中心縫份1cm。

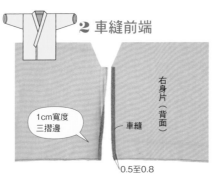

2 車縫前端

1cm寬度三摺邊
車縫
右身片（背面）
0.5至0.8

2 前端依1cm寬度三摺邊後，車縫邊端0.5至0.8cm。

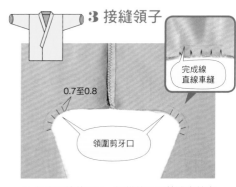

3 接縫領子

完成線直線車縫

0.7至0.8
領圍剪牙口

3 領圍弧線剪牙口。這樣縫份可拉成直線車縫，更加輕鬆便利。

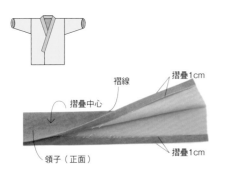

褶線
摺疊1cm
摺疊中心
領子（正面）
摺疊1cm

4 熨斗熨燙領圍縫份1cm後，再次摺疊。

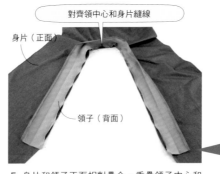

對齊領中心和身片縫線

身片（正面）
領子（背面）

5 身片和領子正面相對疊合，重疊領子中心和後片後中心縫線。對齊領圍記號和身片記號以珠針固定。 ※為了便於解說辨識，領子沒有黏貼黏著襯。

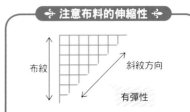

➔ 注意布料的伸縮性 ⬅

布紋
斜紋方向
有彈性

因為斜向裁剪的領圍易拉伸，請以珠針固定避免拉伸。領圍裁剪長度較長，就算多出來也不用擔心。

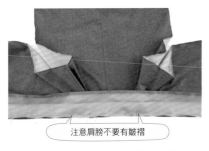

注意肩膀不要有皺褶

6 展開身片直線車縫。肩線的身片容易堆在一起，請注意車縫時不要有皺褶。

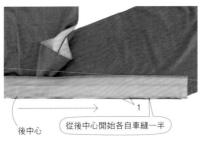

後中心
從後中心開始各自車縫一半
1

1
車縫另一側
後中心

7 從中心開始，往左右各自車縫一半，這樣領子會更漂亮。

身片（正面）
領子（正面）
翻起領子

8 領子翻至正面熨燙整理。

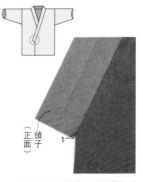

（正面）領子
1

9 如果領子過長，請預留縫份1cm後裁剪。

身片（背面）
1

10 摺疊領子縫份至背面。

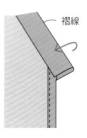

褶線

11 依步驟4的褶目摺疊。

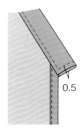

0.5

12 車縫領子四周。

13 領子車縫完成。

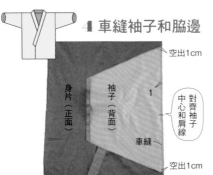

④ 車縫袖子和脇邊

14 袖子和身片正面相對疊合。對齊肩線和袖子中心合印記號，以珠針固定。兩端各空出1cm後車縫。

空出1cm
身片（正面）
袖子（背面）
1
對齊袖子中心和肩線
車縫
空出1cm

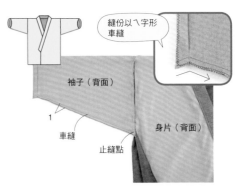

縫份以ㄟ字形車縫

袖子（背面）
1
車縫
身片（背面）
止縫點

15 袖子對摺，車縫袖下。袖口沿布端以ㄟ字形車縫。為防止車縫到身片和袖子縫份，需隔開脇邊，車縫至邊端即可。

不要車縫到袖子縫份
身片（背面）
1
車縫

16 身片脇邊正面相對疊合，袖子縫製位置開始車縫至下襬。為防止車縫到袖子縫份請先錯開。燙開縫份。

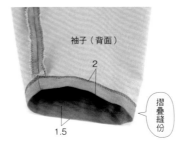

袖子（背面）
2
摺疊縫份
1.5

17 袖口縫份往內側摺疊2cm，邊端1.5cm處車縫。

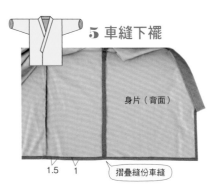

⑤ 車縫下襬

身片（背面）
1.5　1　摺疊縫份車縫

18 摺疊下襬1.5cm，邊端1cm處車縫。摺疊至右側後，注意後中心縫份不要變形。依據布料不同，縫份的不平整也會影響到服裝輪廓。

⑥ 製作細繩・接縫

19 身片車縫上領子和袖子，本體完成。

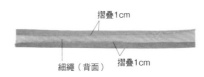

摺疊1cm
細繩（背面）
摺疊1cm

20 身片車縫上領子和袖子，本體完成。

摺疊1cm　　　摺疊1cm

21 摺疊兩端縫份。

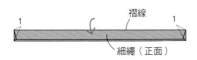

1　摺線　1
細繩（正面）

22 再次對摺。

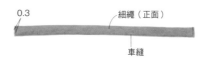

0.3　細繩（正面）
車縫

23 邊端0.2至0.3cm處車縫。

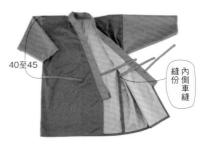

40至45
縫份內側車縫

24 從上至40至45cm處，車縫上四條細繩綁帶。因為正面看不到細繩，所以只要車縫牢固即可。完成！

和服風甚平　作法 -⊹ P.70

忍者上衣搭配浴衣的袖子。
像一般浴衣款式的袖子，也可以運用在不同的設計，
以同樣布料製作一片裙，就能裝扮成和服風。
如果搭配上袴，變身成昭和女學生風也不錯喔！

SIDE　　　　　　BACK

使用布料…聚酯纖維／キャラヌノ

材料
聚酯纖維 Gaba（紫色197/CNC-PG01-PP197）　寬150×長200cm

完成尺寸
衣長　78.5cm

〈袖子的長度和名稱〉

	婦人尺寸S至L
A	34cm至36cm
B（長袖）	90至100cm
B（小袖）	154cm
B（中袖）	176至214cm
B（大袖）	230cm

示範作品

身片裁布圖參考P.65

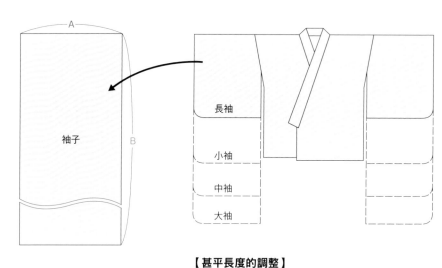

A

袖子

B

長袖

小袖

中袖

大袖

〈袖口和袖子縫製尺寸〉

【甚平長度的調整】

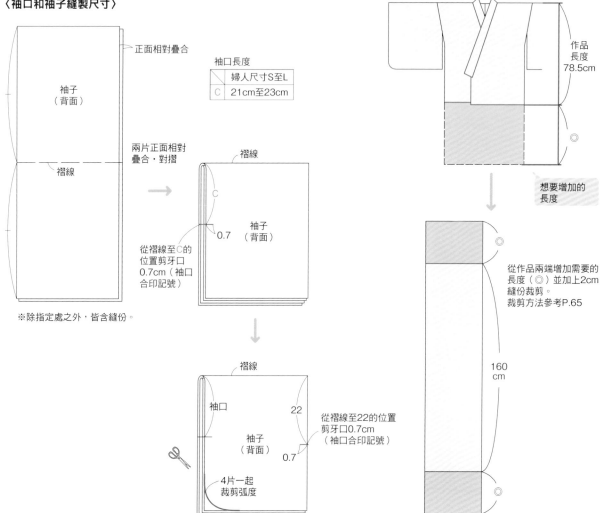

正面相對疊合

袖子
（背面）

褶線

袖口長度

	婦人尺寸S至L
C	21cm至23cm

兩片正面相對
疊合・對摺

褶線

C

袖子
（背面）

0.7

從褶線至C的
位置剪牙口
0.7cm（袖口
合印記號）

※除指定處之外，皆含縫份。

褶線

袖口

22

袖子
（背面）

0.7

從褶線至22的位置
剪牙口0.7cm
（袖口合印記號）

4片一起
裁剪弧度

作品
長度
78.5cm

想要增加的
長度

從作品兩端增加需要的
長度（◎）並加上2cm
縫份裁剪。
裁剪方法參考P.65

160
cm

1.身片接縫袖子

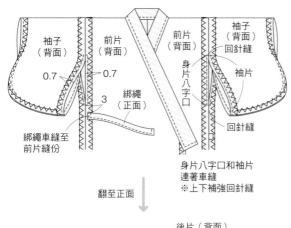

後片（正面） 後片（正面）

肩線

22

袖子（背面） 22 袖子（背面）

1

身片和袖子正面相對疊合車縫袖子，燙開縫份。

前片（正面）

※縫份各自進行Z字形車縫。

2.車縫袖下・摺疊袖口車縫

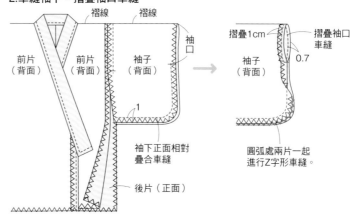

褶線 褶線

前片（背面） 前片（背面） 袖子（背面） 袖口

1

袖下正面相對疊合車縫

後片（正面）

摺疊1cm 摺疊袖口車縫

袖子（背面） 0.7

圓弧處兩片一起進行Z字形車縫。

3.車縫身片脇邊，摺疊下襬車縫

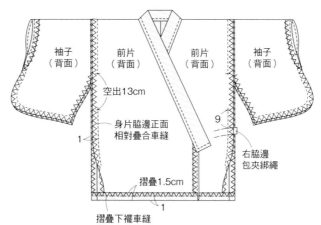

袖子（背面） 前片（背面） 前片（背面） 袖子（背面）

空出13cm

身片脇邊正面相對疊合車縫

1

9

右脇邊包夾綁繩

摺疊1.5cm

1

摺疊下襬車縫

4.車縫身片八字口（脇邊空隙）和袖子

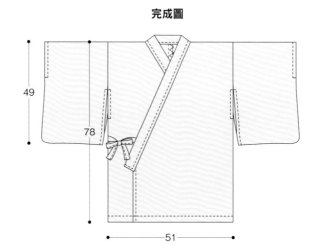

袖子（背面） 前片（背面） 前片（背面） 袖子（背面）

回針縫

身片八字口

袖片

0.7 0.7

3

綁繩（正面）

綁繩車縫至前片縫份

身片八字口和袖片連著車縫
※上下補強回針縫

回針縫

翻至正面

後片（背面）

袖子（正面） 前片（正面） 袖子（正面）

綁帶細繩（正面）

12

領子內側車縫綁帶細繩

18

前片（背面）

綁帶細繩（正面）

綁帶細繩（4條）

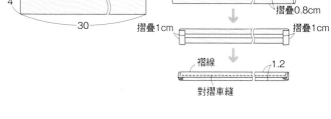

4

30

摺疊0.8cm 摺疊0.8cm

摺疊1cm 摺疊1cm

褶線 1.2

對摺車縫

完成圖

49

78

51

軍服

作法 ── 立領軍裝…P.74
軍褲…P.88

立領設計軍裝加上肩墊,更顯現男性化的一面。
不只是軍服,也可以運用在學生制服上。
褲子採鬆緊帶設計,製作起來更輕鬆簡便。

SIDE   BACK

使用布料…斜紋布／OKADAYA新宿本店
刺繡圖案・織帶・肩章釦子・流蘇・細繩・合成皮革／CLOTHiC

材料
斜紋布（深藍色）　寬150×長165cm
黏著襯　90×90cm
直徑1.5cm釦子　5個
寬1.6cm織帶　300cm
魔鬼粘（毛面）　20cm
雙面黏著膠帶　適量
肩墊　1組

肩章材料
喜歡的布料　20×30cm
合成皮革・壓棉・瓦楞紙　20×25cm
釦子　2個・流蘇　48cm
織帶　85cm・細繩　70cm
魔鬼粘（鈎面）　20cm
刺繡圖案・黏著劑　適量

原寸紙型
B面1前片・2後片・3袖子・4領子・5前貼
邊・6後貼邊・7肩章（表布）・8肩章（底
座）・9肩章（背面）
完成尺寸（由左至右為S／M／L／LL）
衣長　70.8cm
胸圍　95／99／105／111cm
腰圍　85／89／95／101cm

【製作順序】　※除指定處之外，所有布片均需進行Z字形車縫。

【裁布圖】

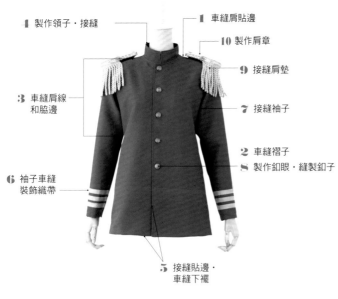

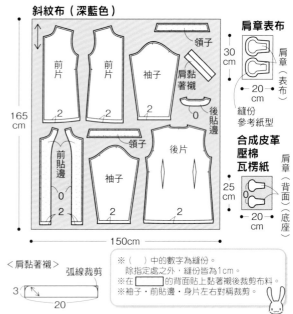

※為了便於解說辨識，選用了顏色明顯的縫線＆黏著襯。

1 車縫肩貼邊

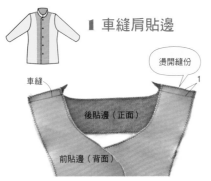

1　前貼邊和後貼邊正面相對疊合，車縫肩線。

2 車縫褶子

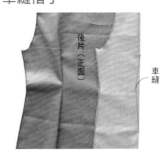

2　車縫後片尖褶（褶子尖端車縫方法參考
P.36），縫份倒向脇邊側。

3 車縫肩線和脇邊

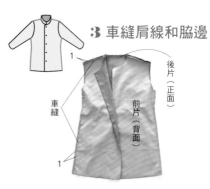

3　前後片正面相對疊合，車縫肩線和脇邊。燙
開縫份。

4 製作領子・接縫

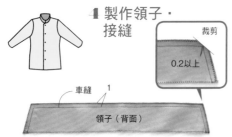

4　兩片領子正面相對疊合車縫，裁剪縫份邊
角。

5　摺疊縫份，壓住邊角翻至正面。

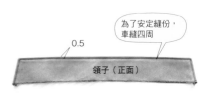

6　以錐子整理邊角縫份，並以熨斗熨燙整理。
為了安定縫份需車縫四周。

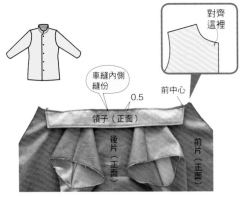

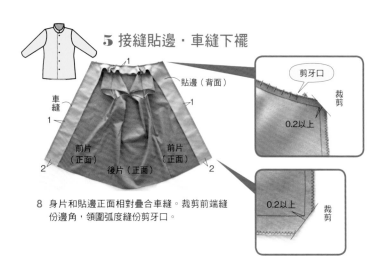

5 接縫貼邊・車縫下襬

7 領子和身片正面相對疊合。對齊領子邊端和前片前中心，車縫內側縫份。

8 身片和貼邊正面相對疊合車縫。裁剪前端縫份邊角，領圍弧度縫份剪牙口。

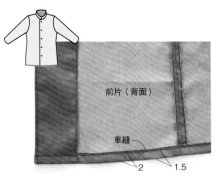

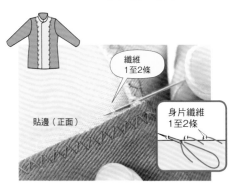

9 貼邊摺疊至身片內側，以熨斗熨燙整理。依照前端→領圍→前端順序車縫。

10 摺疊下襬縫份車縫。

11 貼邊藏針縫至身片。縫針穿過貼邊，勾起身片布料纖維1至2條。

6 袖子車縫裝飾織帶

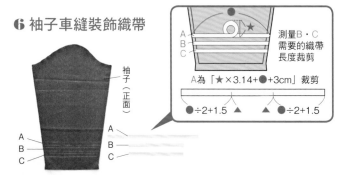

12 移動0.5至1cm後縫針穿出貼邊布，拉出縫線。

13 移動0.5至1cm，勾起身片布料纖維1至2條。

14 重複12・13步驟，將貼邊固定至身片。

15 在袖片作上裝飾織帶的縫製記號，裁剪必須的織帶長度。裁剪B・C需要的織帶長度，計算A需要的長度裁剪。

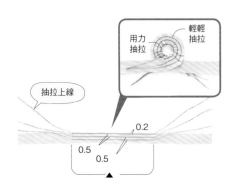

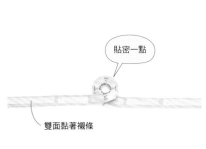

16 將A的上線張力調強一點，在▲合印記號中間車縫縫線0.3至0.4cm。內側抽拉緊一點・外側鬆一點調整形狀。以低溫熨斗熨燙固定形狀。

17 車縫線抽拉至內側，打結後裁剪多餘部分。背面以熨斗熨燙貼上雙面黏著襯條。B・C背面也要貼上。A的重疊部分必須左右對稱。

18 撕開膠帶背面，以熨斗熨燙雙面黏著襯條貼在袖片上。調整縫線，恢復原本縫線長度，A從袖子邊端開始，圓弧下側車縫4條縫線固定。上下只需2條即可。

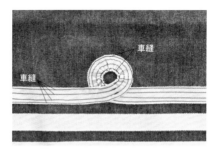

19 A預留的部分也車縫固定。

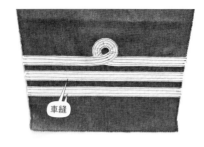

20 B・C也車縫固定。

7 接縫袖子

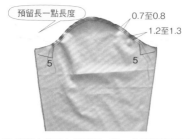

預留長一點長度
0.7至0.8
1.2至1.3
5
5

21 車縫上線張力調節弱一點,並將縫線長度改為0.3至0.4cm。袖山上下線以粗針目車縫,抽拉下線長度。

袖子(背面)
1
車縫
熨燙製作褶線
縫份〈字形車縫

22 袖子縫份2cm往內側摺疊,製作褶線。袖子正面相對疊合,車縫袖下。燙開縫份。

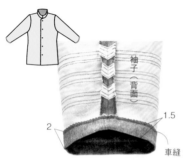

袖子(背面)
2
1.5
車縫

23 摺疊袖口縫份車縫。

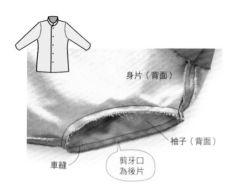

身片(背面)
袖子(背面)
車縫
剪牙口為後片

24 袖子翻至正面,和身片正面相對疊合車縫。縫份倒向袖側。

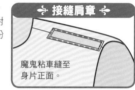

✥ 接縫肩章 ✥

魔鬼粘車縫至身片正面。

☙ 製作釦眼・縫製釦子

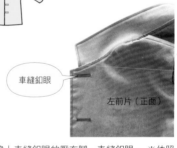

車縫釦眼
左前片(正面)

開釦眼專用壓布腳

以美工刀由兩端往中心切割。不要切到縫線。

25 換上車縫釦眼的壓布腳,車縫釦眼。 ※依照機種不同車縫方法也不一,請仔細閱讀說明書再操作。

右前片(正面)
縫上釦子

26 手縫釦子。

9 接縫肩墊

肩襯
弧度在內側

27 肩襯弧度側需在內側,中心對齊肩線縫線,以珠針固定。

手縫至縫份內側

28 肩襯手縫至縫份內側,手縫方法不拘。

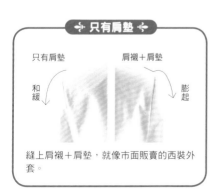

✥ 只有肩墊 ✥

只有肩墊　　　肩襯+肩墊
和緩　　　　　　　　膨起

縫上肩襯+肩墊,就像市面販賣的西裝外套。

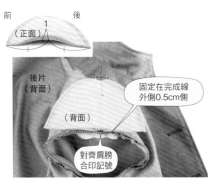

29 肩墊厚的一面放置前側、薄的一面是後側。中心前側1cm處對齊縫份，超出完成線約0.5cm左右，仔細以珠針固定，不要有皺褶。

前　　後
（正面）
後片（背面）
固定在完成線外側0.5cm側
（背面）
對齊肩膀合印記號

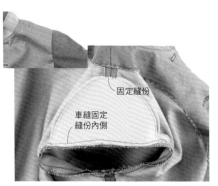

30 縫份內側藏針縫。中央、邊端車縫至肩縫份固定。

固定縫份
車縫固定縫份內側

31 本體完成。

10 製作肩章

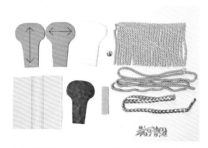

32 準備製作肩章的材料。順著紙張纖維容易折損，請參考圖片改變使用的方向增加強度張力。

33 貼合兩片瓦楞紙後，再貼上壓棉。

以黏著劑貼上壓棉
貼合兩片瓦楞紙

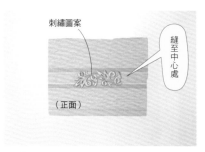

34 表布手縫上刺繡圖案。

刺繡圖案
縫至中心處
（正面）

35 將表布背面壓棉側朝下放至底座上。弧線處縫份剪牙口。

（背面）
裁剪多餘布料

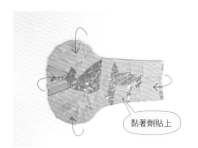

36 表布往內側摺疊，只有內側縫份塗上黏著劑貼上。因為可能會滲出，不要貼在壓棉側。

黏著劑貼上

37 以黏著劑將流蘇貼在側面弧線上。

貼上流蘇

38 邊緣以黏著劑貼上一圈，並在弧線部分黏貼織帶。細繩邊端稍稍解開，以黏著劑塞入內側黏貼。

貼上細繩
貼上織帶
邊端稍稍解開

39 有些合成皮表面不適用黏著劑，所以將魔鬼粘車縫上合成皮。以黏著劑將合成皮貼在肩章本體背面。

合成皮上貼上魔鬼粘

40 縫上釦子就完成了！

縫上釦子

功夫服 作法 → 功夫上衣…P.80
功夫褲…P.88

中國服只需要改變立領軍裝的袖子和開襟作法即可。
寬鬆的褲子不需使用紙型，可直接裁剪，不需花多少時間就能完成。
下襬使用鬆緊帶也不錯。

SIDE   BACK

使用布料…中國風布料／CLOTHiC

功夫上衣　作品圖片 - ✂ P.78

材料
中國風布料（紅色）　寬72×長300cm
沙典（白色）　90×20cm
黏著襯　80×80cm
旗袍釦　5組
暗釦　中　5組

原寸紙型
B面1前片・2後片・3袖子・4領子・5前貼
邊・6後貼邊・10袖口布

完成尺寸
衣長　70.8cm
胸圍　95／99／105／111cm
腰圍　85／89／95／101cm

【裁布圖】
中國風布料（紅色）

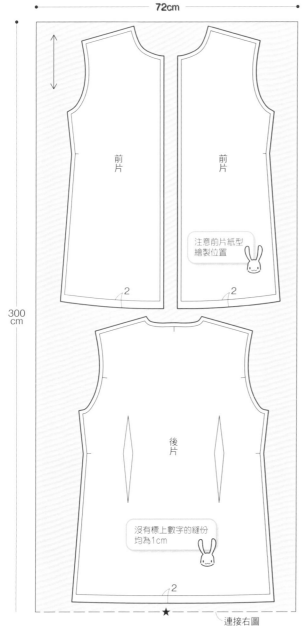

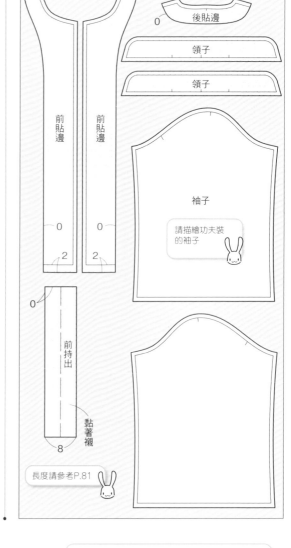

連接左圖
後貼邊
0
領子
領子

前貼邊　前貼邊
0　　　0
2　　　2

袖子
請描繪功夫裝的袖子

0

前持出

8

黏著襯

長度請參考P.81

注意前片紙型繪製位置

前片　前片

2　　2

後片

沒有標上數字的縫份均為1cm

2

★
連接右圖

沙典（白色）

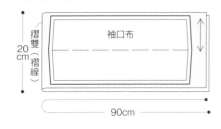

摺雙（摺線）
20cm
袖口布
90cm

※（　）中的數字為縫份。除指定處之外，
　縫份皆為1cm。
※在　　的背面貼上黏著襯後裁剪。
※中國風布料容易綻布，請裁剪下來之後
　馬上進行Z字形車縫。
※前持出長度為旗袍釦長度+3cm。
※中國風布料容易掉色，請內搭吸汗的衣服。

80

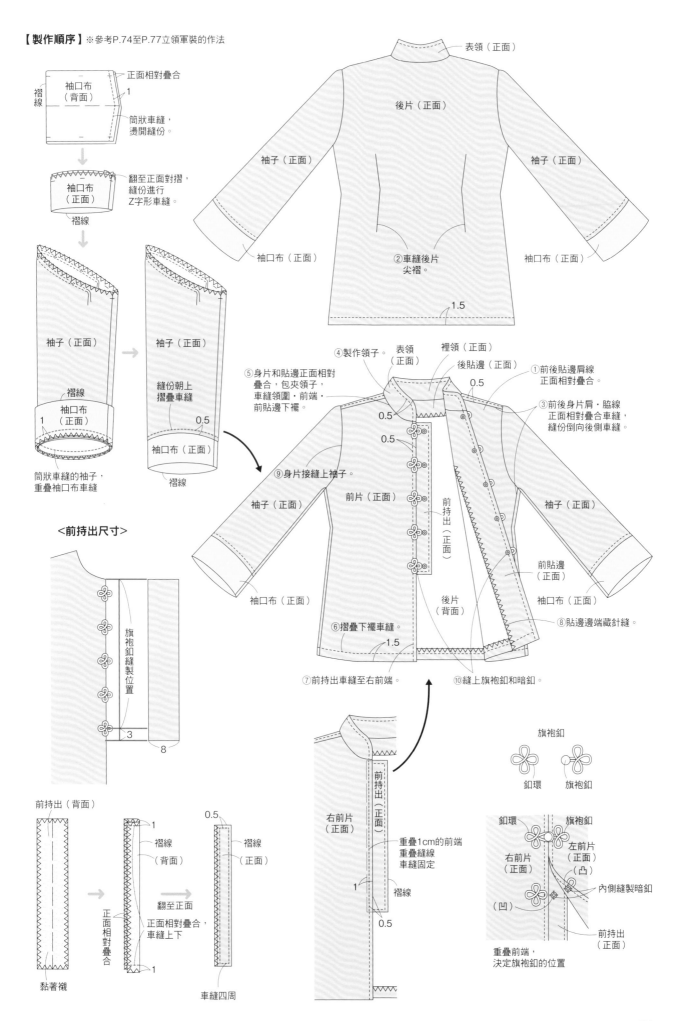

【製作順序】※參考P.74至P.77立領軍裝的作法

袖口布（背面）
褶線
正面相對疊合
1
筒狀車縫，燙開縫份。

袖口布（正面）
褶線
翻至正面對摺，縫份進行Z字形車縫。

袖子（正面）
褶線
袖口布（正面）
1
筒狀車縫的袖子，重疊袖口布車縫

袖子（正面）
縫份朝上摺疊車縫
0.5
袖口布（正面）
褶線

表領（正面）

後片（正面）

袖子（正面）

袖子（正面）

袖口布（正面）

袖口布（正面）

②車縫後片尖褶。

1.5

④製作領子
表領（正面）
裡領（正面）
後貼邊（正面）
①前後貼邊肩線正面相對疊合。
③前後身片肩・脅線正面相對疊合車縫，縫份倒向後側車縫。

⑤身片和貼邊正面相對疊合，包夾領子，車縫領圍・前端・前貼邊下襬。
0.5
0.5
0.5

⑨身片接縫上袖子。

袖子（正面）

前片（正面）

前持出（正面）

袖子（正面）

前貼邊（正面）

袖口布（正面）

後片（背面）

袖口布（正面）

⑥摺疊下襬車縫。
1.5
⑦前持出車縫至右前端。
⑩縫上旗袍釦和暗釦。
⑧貼邊邊端藏針縫。

<前持出尺寸>

旗袍釦縫製位置
3
8

前持出（背面）
黏著襯

（背面）
正面相對疊合
1
1
褶線
正面相對疊合，車縫上下

翻至正面
正面相對疊合，車縫上下
褶線
（正面）
0.5

車縫四周

右前片（正面）

前持出（正面）

重疊1cm的前端重疊縫線車縫固定
1
褶線
0.5

旗袍釦
釦環　旗袍釦

釦環　旗袍釦
右前片（正面）
（凹）
左前片（正面）（凸）
內側縫製暗釦
前持出（正面）
重疊前端，決定旗袍釦的位置

籃球運動服

作法 → 籃球上衣…P.84
籃球褲…P.88

使用針織布，預先確認車縫方法讓縫製過程更加順利。
特別要注意領圍布和袖子的車縫。
如果改變布料，也可以製作成學院風背心喔！

SIDE　　　　BACK

使用布料…針織布／OKADAYA新宿本店

籃球上衣

材料
針織布（藍色）　寬160×長70cm
針織布（白色）　寬160×長10cm
針織布用縫線・熨燙貼紙・
不織布・止伸織帶　適量

完成尺寸（由左至右為S／M／L／LL）
衣長　60cm
胸圍　84／90／96／102cm

試著畫出服裝的製圖！
（製作服裝的設計圖）
日本服裝製作的書大多
以cm為單位。

【製圖】※尺寸由上至下為LL／L／M／S

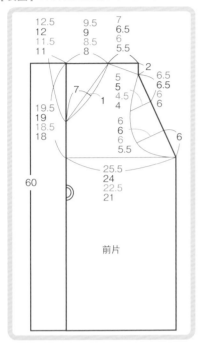

① 描繪中心線。

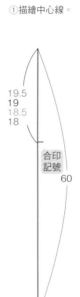

② 描繪領圍和肩引導線、胸圍・
　下襬引導線・脇線。

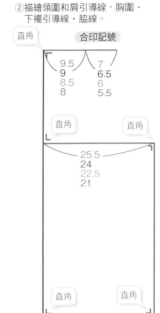

③ 描繪肩線・袖子弧度的
　引導線。

④ 描繪袖子弧線。

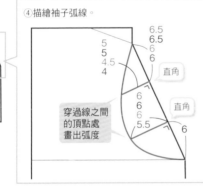

⑤ 描繪領圍的引導線。

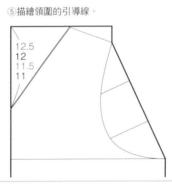

⑥ 描繪領圍線。

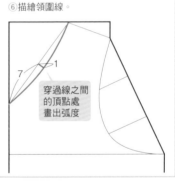

⑦ 加上縫份。

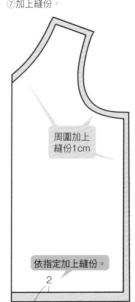

⑧ 紙型左右對稱。

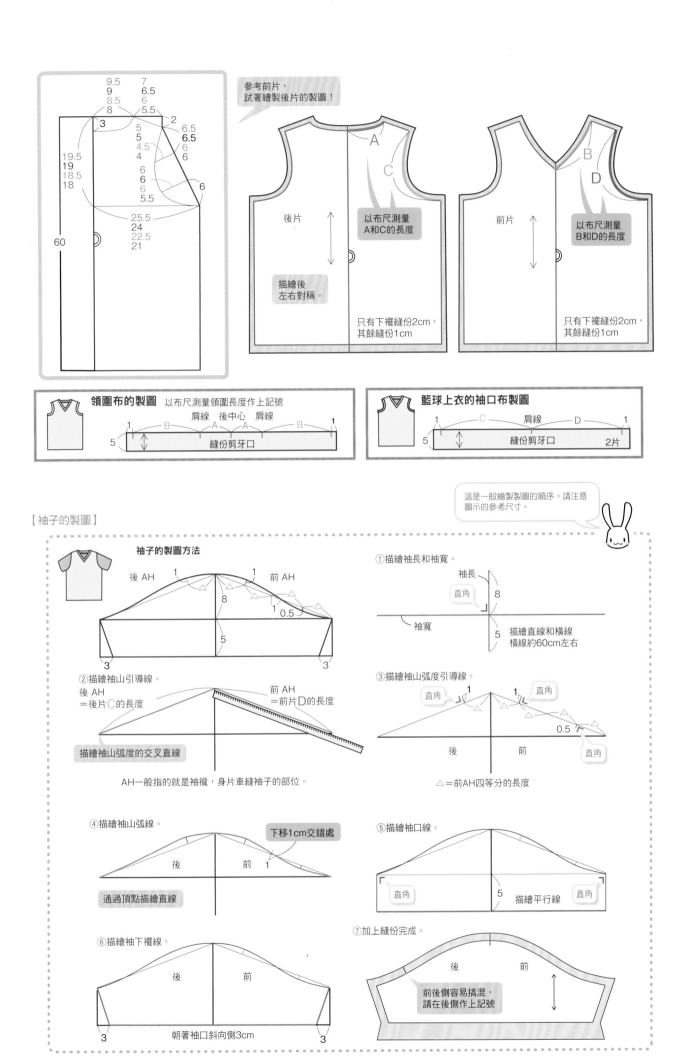

【製作順序】

4 接縫
袖口布

3 接縫
領圍布

2 車縫肩線
和脇線

5 車縫下襬

1 縫製圖案

1 縫製圖案

COSPLAY 7　COSPLAY 7

熨燙貼布圖案或徽章

1 前片和後片熨燙貼布圖案或徽章。 ※請參考 P.29製作方法。

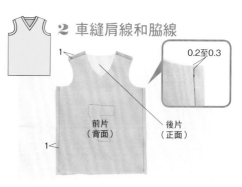

2 車縫肩線和脇線

0.2至0.3

前片（背面）

後片（正面）

1

1

2 前片和後片正面相對疊合，車縫肩線和脇線。針織布料布邊易捲，距邊端0.2至0.3cm處開始車縫時，較不易捲進去。

Z字形車縫

3點Z字形車縫

像這樣會容易綻布

3 兩片一起進行Z字形車縫。一開始車縫時比起直線，Z字形車縫更容易捲進去，請多加注意。縫份倒向後側。

大部分的針織布，就算不進行Z字形車縫也不容易綻布。且家用縫紉機也不好車縫，所以只要沒有常常洗滌，不作Z字形車縫處理也沒關係。

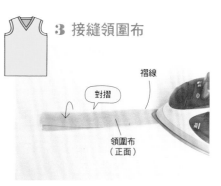

3 接縫領圍布

褶線

對摺

領圍布（正面）

4 領圍布背面相對對摺。

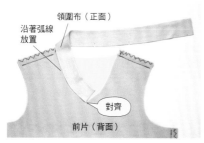

領圍布（正面）

沿著弧線放置

對齊

前片（背面）

5 領圍布摺疊後，領圍布邊端對齊前片邊角，沿著領圍弧線放置。

裁剪

6 直線裁剪領圍布邊角。這樣領子前端就不易浮起。另一側也依相同方法車縫。

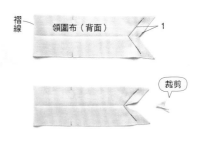

褶線

領圍布（背面）

1

裁剪

7 領圍布正面相對疊合對摺車縫。注意縫線不要斷裂，邊角剪牙口。

燙開縫份

領圍布（背面）

8 燙開縫份。

依步驟4褶線摺疊

褶線

領圍布（正面）

裁剪多餘部分

9 沿熨燙的褶線摺疊，多出來的縫份部分裁剪。

中心作記號

1

10 以消失筆在領圍布正中心1cm處描繪縫份。

11 前片領圍也在1cm處畫上縫份線。這樣才不易搞混前中心位置，方便重疊領圍布和身片。

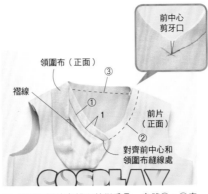

前中心剪牙口

領圍布（正面）
褶線
③
①
前片（正面）
②
1
對齊前中心和領圍布縫線處

12 領圍布褶線處朝向外側重疊，車縫①。①車縫後，前中心剪牙口，依②③的順序車縫。對齊後中心・肩線・前中心和領圍布合印記號。

領圍布翻至正面

13 領圍布翻至正面。縫份倒向衣身側。

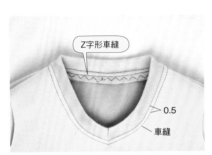

Z字形車縫

0.5

車縫

14 縫份進行Z字形車縫，從領圍邊端0.5cm處車縫。

4 接縫袖口布

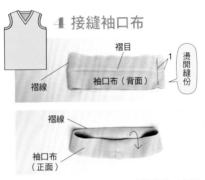

褶目

袖口布（背面）
1
燙開縫份

褶線

褶線
袖口布（正面）

15 袖口布同領圍布作法，先對摺製作出褶線。袖口布正面相對疊合邊端車縫。燙開縫份，摺疊外側至正面。

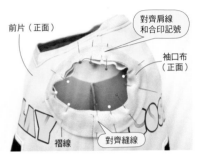

前片（正面）

對齊肩線和合印記號

袖口布（正面）

褶線
對齊縫線

16 對齊肩和袖口布合印記號・脇邊縫線和袖口布縫線，均等的插上珠針固定。

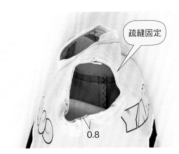

疏縫固定

0.8

17 因為插了很多珠針固定，所以先從邊端0.8cm處疏縫固定後，再將珠針拔起車縫，會比較方便縫製。

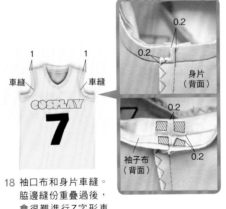

車縫 1   1 車縫

0.2
0.2
身片（背面）

0.2
袖子布（背面）
0.2

18 袖口布和身片車縫。脇邊縫份重疊過後，會很難進行Z字形車縫，所以先裁剪縫份。

Z字形車縫

前片（背面）

19 袖子縫份進行Z字形車縫。

0.5

縫份倒向身片側。

車縫

20 縫份倒向身片側，從邊緣開始0.5cm處車縫。

5 車縫下襬

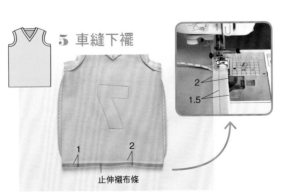

2
1.5

1   2

止伸襯布條

21 下襬縫份貼上1cm的止伸襯布條（或1cm寬針織布黏著襯）。摺疊2cm縫份，車縫下襬。

22 完成。

鬆緊帶褲

作品圖片 - ✂ 軍褲P.72・功夫褲P.78・籃球褲P.82

材料
軍褲：斜紋布（深藍色）　寬150×長100cm
功夫褲：細棉布（原色）　寬110×長195cm
籃球褲：針織布（藍色）　寬160×長65cm・針織布用車縫線
共同：0.7cm寬鬆緊帶　各150cm

【 未附紙型直接裁剪布料的方法 】 ※已含縫份

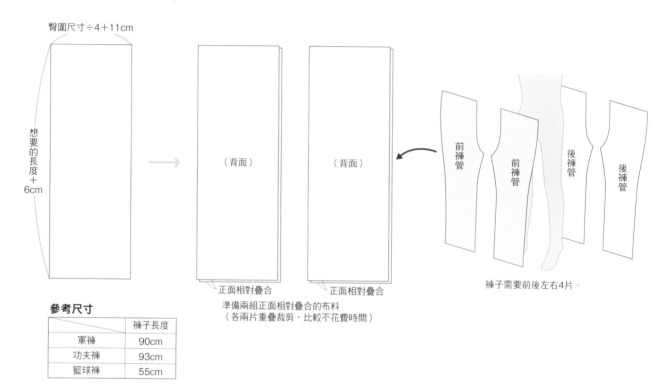

臀圍尺寸÷4＋11cm

想要的長度＋6cm

（背面）　（背面）

正面相對疊合　正面相對疊合

準備兩組正面相對疊合的布料
（各兩片重疊裁剪，比較不花費時間）

前褲管　前褲管　後褲管　後褲管

褲子需要前後左右4片。

參考尺寸

	褲子長度
軍褲	90cm
功夫褲	93cm
籃球褲	55cm

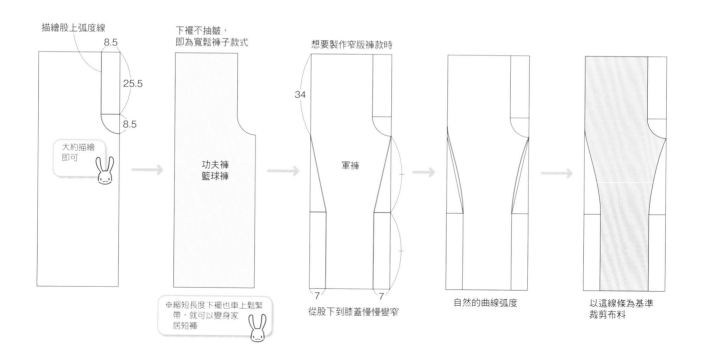

描繪股上弧度線
8.5
25.5
8.5
大約描繪即可

下襬不抽皺，
即為寬鬆褲子款式
功夫褲
籃球褲
※縮短長度下襬也車上鬆緊帶，就可以變身家居短褲

想要製作窄版褲款時
34
軍褲
7　7
從股下到膝蓋慢慢變窄

自然的曲線弧度

以這線條為基準裁剪布料

〈製作順序〉

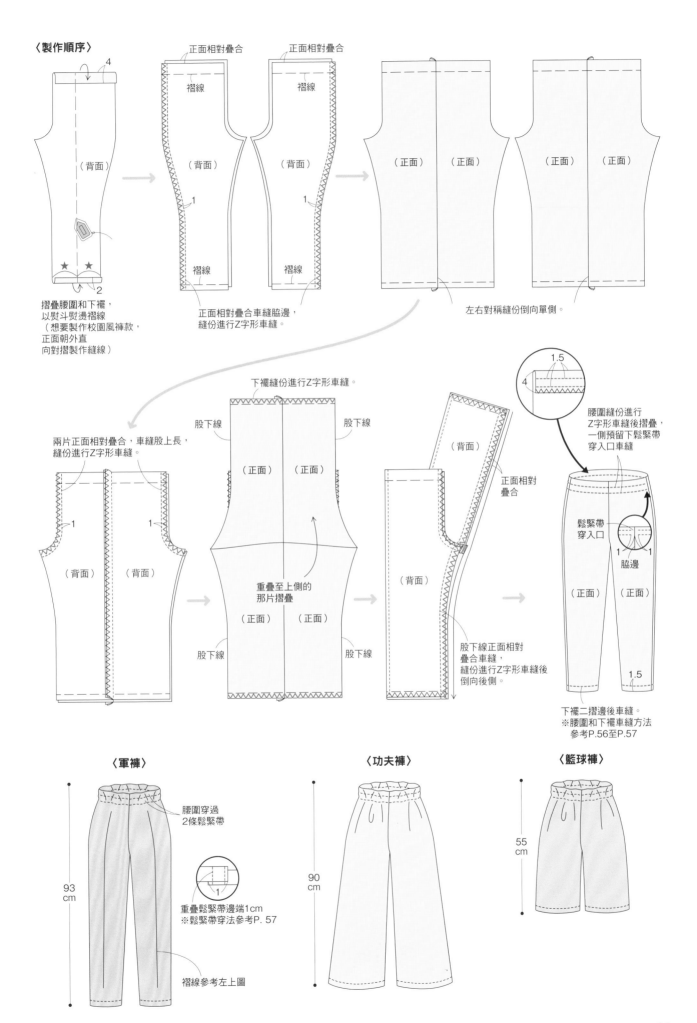

摺疊腰圍和下襬，
以熨斗熨燙褶線
（想要製作校園風褲款，
正面朝外直
向對摺製作縫線）

正面相對疊合

褶線

正面相對疊合車縫脇邊，
縫份進行Z字形車縫。

左右對稱縫份倒向單側。

兩片正面相對疊合，車縫股上長，
縫份進行Z字形車縫。

下襬縫份進行Z字形車縫。

股下線

重疊至上側的
那片摺疊

股下線

股下線正面相對
疊合車縫，
縫份進行Z字形車縫後
倒向後側。

腰圍縫份進行
Z字形車縫後摺疊，
一側預留下鬆緊帶
穿入口車縫

鬆緊帶
穿入口

脇邊

下襬二摺邊後車縫。
※腰圍和下襬車縫方法
參考P.56至P.57

〈軍褲〉

腰圍穿過
2條鬆緊帶

93
cm

重疊鬆緊帶邊端1cm
※鬆緊帶穿法參考P. 57

褶線參考左上圖

〈功夫褲〉

90
cm

〈籃球褲〉

55
cm

⊿Sewing 縫紉家 15

Cosplay 超完美製衣術‧COS 服的基礎手作

作　　者／USAKO の洋裁工房
譯　　者／洪鈺惠
發 行 人／詹慶和
總 編 輯／蔡麗玲
執行編輯／劉蕙寧
編　　輯／蔡毓玲‧黃璟安‧陳姿伶‧白宜平‧李佳穎
封面設計／周盈汝
美術編輯／陳麗娜‧翟秀美
內頁排版／造極
出 版 者／雅書堂文化事業有限公司
發 行 者／雅書堂文化事業有限公司
郵撥帳號／18225950　戶名：雅書堂文化事業有限公司
地　　址／新北市板橋區板新路 206 號 3 樓
電　　話／(02)8952-4078
傳　　真／(02)8952-4084
網　　址／www.elegantbooks.com.tw
電子郵件／elegant.books@msa.hinet.net

2015 年 08 月初版一刷　定價 480 元

COSPLAY ISHO SEISAKU KISO BOOK（NV80403）
Copyright © USAKO'S sewing studio／NIHON VOGUE-SHA 2014
Photographer: Noriaki Moriya, Yuki Morimura, Yukari Shirai, Kana Watanabe
Illustration: Tomato Sorairo
All rights reserved.
Original Japanese edition published in Japan by Nihon Vogue Co., Ltd.
Traditional Chinese translation rights arranged with Nihon Vogue Co., Ltd.
through Keio Cultural Enterprise Co., Ltd.
Traditional Chinese edition copyright © 2015 by Elegant Books Cultural
Enterprise Co., Ltd.

總經銷／朝日文化事業有限公司
進退貨地址／新北市中和區橋安街 15 巷 1 號 7 樓
電話／（02）2249-7714　　傳真／（02）2249-8715

國家圖書館出版品預行編目 (CIP) 資料

Cosplay 超完美製衣術‧COS 服的基礎手作 /
USAKO の洋裁工房著；洪鈺惠譯 . -- 初版 . –
新北市：雅書堂文化，2015.08
　面；　公分 . -- (Sewing 縫紉家；15)
ISBN 978-986-302-259-6 (平裝)

1. 縫紉 2. 衣飾 3. 手工藝

426.3　　　　　　　　　　　　104011039

作者

USAKO の洋裁工房

為了幫助喜歡作衣服的人可以更加順利縫
製，運用漫畫插圖‧動畫等方式，在網路上
推展縫紉課程指導大家。自學學習裁縫，不
論在縫製工廠‧裁縫店‧紙型專賣店各方
面都非常活躍。還有使用漫畫教導大家使用
縫紉機的方法。

http://yousai.net/

Staff

- 攝影／森谷則秋‧渡辺華奈‧森村友紀‧
  白井由香里
- 設計／山田素子（株式會社 STUDIO
  DUNK）
- 封面‧插畫／空色トマト
- 紙型放版／株式會社クレイワークス
- 作法解說‧繪圖／吉田晶子‧うさこ
- 製圖／木下春圭‧関和之（株式會社ウェ
  イド）
- 模特兒／蜜也（165cm 穿著 M 尺寸）
- 編輯／加藤みゆ紀

- 攝影協力
- マイハウス（人台‧放大鏡）
- キャラヌノ（P.73 假髮）
http://charanuno.com/

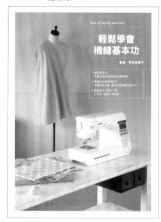

SEWING 縫紉家 06

輕鬆學會機縫基本功
栗田佐穗子◎監修
定價：380 元

細節精細的衣服與小物，是如何製作出來的呢？一切都看縫紉機是否運用純熟！書中除了基本的手縫法，也介紹部分縫與能讓成品更加美觀精緻的車縫方法，並運用各種技巧製作實用的布小物與衣服，是手作新手與熟手都不能錯過的縫紉參考書！

SEWING 縫紉家 05

手作達人縫紉筆記
手作服這樣作就對了
月居良子◎著　定價：380 元

從畫紙型與裁布的基礎功夫，到實際縫紉技巧，書中皆以詳盡彩圖呈現；各種在縫紉時會遇到的眉眉角角、不同的衣服部位作法，也有清楚的插圖表示。大師的縫紉祕技整理成簡單又美觀的作法，只要依照解說就可以順利完成手作服！

SEWING 縫紉家 04

手作服基礎班
從零開始的縫紉技巧 book
水野佳子◎著　定價：380 元

書中詳細介紹了裁縫必需的基本縫紉方法，並以圖片進行解說，只要一步步跟著作，就可以完成漂亮又細緻的手作服！從整燙的方法開始、各種布料的特性、手縫與機縫的作法，不錯過任何細節，即使是從零開始的初學者也能作出充滿自信的作品！

縫紉家  Sewing

完美手作服の
必看參考書籍

SEWING 縫紉家 03

手作服基礎班
口袋製作
基礎book
水野佳子◎著

手作服基礎班
口袋製作基礎 book
水野佳子◎著　定價：320 元

口袋，除了原本的盛裝物品的用途
外，同樣也是衣服的設計重點之
一！除了基本款與變化款的口袋，
簡單的款式只要再加上拉鍊、滾
邊、袋蓋、褶子，或者形狀稍微變
化一下，就馬上有了不同的風貌！
只要多花點心思，就能讓手作服擁
有自己的味道喔！

SEWING 縫紉家 02

手作服基礎班
畫紙型＆裁布
技巧book
水野佳子◎著

手作服基礎班
畫紙型＆裁布技巧 book
水野佳子◎著　定價：350 元

是否常看到手作書中的原寸紙型不
知該如何利用呢？該如何才能把紙
型線條畫得流暢自然呢？而裁剪布
料也有好多學問不可不知！本書鉅
細靡遺的介紹畫紙型與裁布的基礎
課程，讓製作手作服的前置作業更
完美！

SEWING 縫紉家 01

全圖解 裁縫聖經
晉升完美裁縫師必學基本功
Boutique-sha ◎著　定價：1200 元

它就是一本縫紉的百科全書！從學習量
身開始，循序漸進介紹製圖、排列紙型
及各種服裝細節製作方式。清楚淺顯的
列出各種基本工具、製圖符號、身體部
位簡稱、打版製圖規則，讓新手的縫紉
基礎可以穩紮穩打！而衣服的領子、袖
子、口袋、腰部、下襬都有好多種不一
樣的設計，要怎麼車縫表現才完美，已
有手作經驗的老手看這本就對了！